U0264791

本书是 教育部人文社科规划基金项目
"网购生鲜食品质量安全多主体协同治理机制研究"（16YJA630053）
北京市"长城学者"培养计划项目（CIT&TCD20170316）　　的研究成果
北京市城乡经济信息中心委托课题 "农产品电子商务发展"
"北京市地区农产品电子发展情况调查研究"

农产品电子商务与
网购食品质量安全管理研究

Research on Electronic Commerce of Agricultural Products
and Food Quality and Safety Management of Online Purchasing

王可山　张丽彤　著

中国经济出版社
CHINA ECONOMIC PUBLISHING HOUSE

图书在版编目（CIP）数据

农产品电子商务与网购食品质量安全管理研究/王可山，张丽彤著．
—北京：中国经济出版社，2019.12
ISBN 978-7-5136-5985-7

Ⅰ．①农… Ⅱ．①王… ②张… Ⅲ．①农产品—电子商务—质量管理—研究—中国
②网上购物—食品安全—质量管理—研究—中国 Ⅳ．①F724.72 ②TS201.6

中国版本图书馆 CIP 数据核字（2019）第 300427 号

组稿编辑　崔姜微
责任编辑　贾轶杰
责任印制　马小宾
封面设计　任燕飞

出版发行　中国经济出版社
印 刷 者　北京九州迅驰传媒文化有限公司
经 销 者　各地新华书店
开　　本　710mm×1000mm　1/16
印　　张　15
字　　数　246 千字
版　　次　2019 年 12 月第 1 版
印　　次　2019 年 12 月第 1 次
定　　价　68.00 元

广告经营许可证　京西工商广字第 8179 号

中国经济出版社 网址 www.economyph.com **社址** 北京市东城区安定门外大街 58 号 **邮编** 100011
本版图书如存在印装质量问题，请与本社销售中心联系调换（联系电话：010-57512564）

P REFACE 前言

　　随着我国互联网技术的发展和农业农村信息化建设的稳步推进，农产品电子商务越来越成为农业产业发展壮大和转型升级的重要推动力，受到政府和社会各界的高度重视和普遍关注。改革开放以来，在农产品供给数量持续快速增长的同时，农产品"卖难"问题也现实地摆在人们面前，而无论哪种形式的农产品"卖难"问题，其实质都是供需失衡，产销难以有效衔接。如何使农产品生产与市场需求直接联结起来是人们着力解决农产品"卖难"问题时常常考虑的。农产品电子商务作为互联网时代农产品流通的新兴业态，对解决产销衔接、提高农产品流通效率和提升农产品竞争力发挥了重要作用。然而，在农产品电子商务和网购农产品（食品）市场逐步扩大的同时，网络交易的虚拟性、隐蔽性、不确定性和复杂性，使得网购农产品、食品的质量安全问题凸显。本书正是在此背景下着手进行研究的，旨在通过全面系统地现状考察、文献梳理和理论与实证研究，为深化农产品电子商务和网购食品质量安全问题研究积累文献资料，为加强农产品电子商务和网购食品质量安全管理提供借鉴，为规范农产品生产经营活动、推进农业产业结构优化、促进网购食品消费升级提供理论和实践依据。

　　本书以供应链管理理论和信息不对称理论为基础，基于供应链全程控制的理念，对农产品电子商务和网购食品质量安全问题进行理论分析和实证研究，提出促进农产品电子商务发展和保障网购食品质量安全水平的政策建议。本书的研究内容主要包括：①农产品电子商务和网购食品质量安全管理的研究动态和发展趋势；②农产品电子商务政策变迁与发展特征；③农产品电子商务和网购食品质量安全影响因素分析；④生鲜电商配送成本优化和网购食品质量安全控制研究；⑤推进农产品电子商务发展和保障网购食品质量安全水平的政策建议。

　　本书研究的主要结论是：第一，农产品电子商务快速发展的同时，网购农产品和食品的质量安全问题越来越受到重视。该领域的研究热点主要体现在农产品及网购食品流通、农产品电子商务及食品网购发展对策、互联网+食品质量安全、生鲜电商、农产品上行与乡村振兴5个方面。第二，国家对农业信息化发展的支持为农产品电子商务发展奠定了良好的基础，国家出台的一系列政策措施推动了农产品电子商务快速、健康发展。尤其是近年来实施的"快递下乡"工程、线上线下高效衔接的农产品交易模式、"互联网+"现代农业行动、数字乡村战略等措施、政策和发展战略，有力地推动了农产品电子商务的快速发展。第三，我国农产品电子商务的发展改善了农村地区的信息环境，带动了农村高效的物流体系建设，推动了农产品规模化生产，促使农民信息素质得到提高、知识结构得到优化，对有效解决农业中广泛存在的小生产与大市场之间的矛盾发挥了重要作用。但农产品电子商务的发展还需要政府在资金和电子商务推广、宣传，网络基础设施建设，人才培训，信息化、网络技术方面给予支持。第四，尽管生鲜农产品电子商务的快速发展带动了农产品冷链物流的发展，但是，从生鲜农产品电子商务发展本身对冷链物流的需求来看，建设覆盖生产、储存、运输及销售整个环节的冷链系统和全程"无断链"的冷链物流体系依然任重道远。第五，农产品实现网购形成对传统消费渠道的有效补充，农产品电商和食品网购满足了消费者对交易的便利化和消费的个性化、多样化的需求，越来越多的消费者选择网购方式购买农产品和食品。但网购农产品的价格波动、品质及标准化程度的差异、产地流通体系不健全、生产和消费的规模效益较差、从产地到销地的一体化冷链物流系统尚未形成等制约网购农产品消费的因素还普遍存在。第六，消费者个性特征的差异会导致对网购食品的不同态度，进而影响消费者对网购食品的选择行为。良好的网购环境、物美价廉的食品和优质的网购服务是促使消费者选择网购食品的主要因素。对网购食品安全的担忧、习惯于传统购物方式和网购维权的难度是抑制消费者选择网购食品的主要因素。第七，大多数网购食品消费者遇到权利受损时会选择维权，但网购食品消费者维权总体效果并不乐观，"维权步骤烦琐，处理效率低"和"维权意识不够"是具有不同个性特征的消费者普遍认同的维权难点。第八，综合电商平台的商家采取低成本、低价格竞争，容易导致时效差、损耗大，即使提升冷链配送标准和时效，最终也会增加消费者的购买成本，不利于增进购买频率和消费者黏性。第九，网购食品质量安全风险的关键控制点主要是电商销售环节售假、电商销售环节造假、食品加工环节包装不当、食品加工环节使用不合格原料、食品加工环节加工过程不规范、物流配送环节运输不当。

　　本书的研究特色和创新主要体现在：第一，在理论分析上，以供应链管理理论和信息不对称理论为基础，从农产品电子商务政策变迁入手，详细阐述我国农产品电子商务和网购食品质量安全问题，并针对传统的食品交易监管方式在网购食品监管中面临的新困难，在辩证吸纳已有研究成果的基础上，对网购食品质量安全管理进行全面系统的研究，具有一定的创新性。第二，在实证研究上，借助文献计量法、可视化分析法、层次分析法、作业成本法、SC-RC 判别与定位矩阵、Borda 序值法改进的风险矩阵法等方法，从多角度对农产品电子商务和网购食品质量安全问题的研究动态与趋势、成本控制与优化、主要问题与关键控制点等进行具体分析，在研究方法上具有一定的创新性。第三，在研究数据和资料的获取上，本书大量的研究数据和资料主要通过问卷调研和实地调研取得，这些第一手的微观数据和资料使本书对农产品电子商务和网购食品质量安全问题的研究具有一定的创新性。

目录
CONTENTS

第一章 导 论

第一节 研究背景

我国是农业大国，农产品生产、流通和消费也一直是我国经济社会发展建设的重要内容。随着我国互联网技术的发展和农业农村信息化建设的稳步推进，农产品电子商务越来越成为农业产业发展壮大和转型升级的重要推动力，受到政府和社会各界的高度重视和普遍关注。农产品电子商务通过对传统的农产品生产方式、流通渠道和消费形态的深入影响，极大地促进了我国农业生产的标准化和品牌化、小农户与大市场的有机衔接，并且有效地解决了农产品生产和消费的时空限制，对传统的农产品流通渠道形成补充和改造。然而，随着农产品电子商务的蓬勃发展，农产品和食品的经验品和信任品特征，加之网络交易的虚拟性、隐蔽性、不确定性和复杂性，使得网购农产品和食品的质量安全问题时有发生。在每年的网购投诉事件中，网购农产品和食品占有很大比重，甚至有业内人士坦言，七成以上的"超市下架"食品流入了电商平台。因此，网购农产品和食品质量安全管理亟待加强。

一、农产品供给数量持续增长，产销衔接备受关注

改革开放以来，我国不仅创造性地解决了"如何以占世界7%的耕地，养活占世界22%的人口"的问题，而且保持了农业持续稳定发展。2018年，我国粮食产量达65789.22万吨，比1978年的30476.5万吨增长了115.87%。肉类产量达8624.63万吨，比1979年的1062.4万吨增长了711.81%。牛奶产量达3074.56万吨，比1978年的88.3万吨增长了3381.95%。禽蛋产量达3128.28万吨，比1982年的280.85万吨增长了1013.86%。水产品产量达6457.66万吨，比1978年的465.45万吨增长了1287.41%。水果产量达25688.35万吨，比1978年的657.0万吨增长了3809.95%。

在农产品供给数量持续快速增长的同时，农产品"卖难"问题也现实地

摆在人们面前。这一问题在改革开放初期就已显现，当时普遍认为产生农产品"卖难"问题的主要原因在于三个方面：第一，"改革使千家万户的农民都成了农业商品的生产者和持有者，使农产品流通的业务量大大增加"；第二，"商品农产品的提供在时间分布上的集中性"；第三，"商品农产品的增长在地域分布上的不平衡性"。这三个方面的原因使农业生产的发展与流通环节不相适应的矛盾加剧，产生农产品"卖难"问题（韩元钦，1984）。① 有学者认为，20 世纪 90 年代中期以前的农产品"卖难"是价格回升、农产品产量增长超过当时较低水平的有效需求而引起的，是一种低收入水平上的相对过剩。但 20 世纪 90 年代中期之后的农产品"卖难"，是农产品在总量过剩的基础上结构性矛盾加剧而引起的（王启云，2005）。② 可以说，即便当前依然由于绝大多数农产品供大于求，农产品品种和质量不能满足市场需求而存在供给侧结构性矛盾，农产品"卖难"问题也一直存在。无论哪种形式的农产品"卖难"问题，其实质都是供需失衡，产销难以有效衔接。因此，农业生产应适时调整结构，转变发展方式，关注市场需求，做好产销衔接。

二、农产品电子商务快速发展，成为传统农产品流通渠道的有效补充

使农产品生产与市场需求直接联结起来，是人们着力解决农产品"卖难"问题时常常考虑的。毫无疑问，农产品电子商务作为互联网时代农产品流通的新兴业态，对提高农产品流通效率和提升农产品竞争力发挥了重要作用。农产品电子商务最重要的特点就是能迅速对接消费市场，满足消费者对具有不同地域特色的、优质生鲜农产品的需要（刘建鑫、王可山、张春林，2016）。③ 尽管由于农产品电子商务涉及农业生产、加工、物流、营销及网站建设等多个方面，导致其经营难度较大，政府扶持与监管困难（骆毅，2012），④ 但是，伴随着互联网的迅速发展，农产品电子商务扩大了农产品的

① 韩元钦. 农产品"卖难"的起因与对策思想的一些问题 [J]. 经济体制改革，1984（8）：36-41.
② 王启云. 农产品"卖难"问题透视 [J]. 湖南科技大学学报（社会科学版），2005（5）：76-79.
③ 刘建鑫，王可山，张春林. 生鲜农产品电子商务发展面临的主要问题及对策 [J]. 中国流通经济，2016（12）：57-64.
④ 骆毅. 我国发展农产品电子商务的若干思考——基于一组多案例的研究 [J]. 中国流通经济，2012（9）：110-116.

流通范围，实现了生产与市场之间的无缝对接，进而促使我国农业企业和农户的生产管理水平提高，优化产业结构，有效地解决了农业中广泛存在的小生产与大市场之间的矛盾。

为了通过农产品电子商务架起城市和农村、小生产和大市场之间的桥梁，各地进行了积极实践。如北京市房山区依托"房山农合网"构建了"网上联合社"，发展农民专业合作社为会员，打通了合作社农产品网络流通的渠道。北京市大兴区采取网络销售与实体网点相结合的形式，在区内建立了配送中心和若干社区网络超市，在其他区县也设立了网络超市。如北京市益农兴昌农产品产销专业合作社利用在北京 17 个地铁出站口和 20 个社区设立的网上蔬菜提货点，销售果蔬、蛋、杂粮等。北京绿奥合作社在淘宝网上开设网店主营高档蔬菜，以适合 8~10 人食用的 6 千克、12 种蔬菜组合套餐形式销售。实践表明，农产品电子商务为农产品买卖提供了新的流通方式和流通渠道，实现了农产品跨地域直接买卖，减少了因流通环节过多而发生的损耗、变质等现象，尤其重要的是在一定程度上解决了农产品买难卖难的问题，形成了品牌，增加了收入。①

三、网购农产品（食品）市场逐步扩大，质量安全管理亟待加强

随着我国农村经济体制改革的推进和城乡农产品市场的发展，在保持市场供应稳定的过程中，应密切关注农产品、食品质量安全。1989 年，第七届全国人民代表大会常务委员会第十一次会议通过的《中华人民共和国环境保护法》规定：各级人民政府应当加强对农业环境的保护，"合理使用化肥、农药及植物生长激素"。同年，我国开始对初级农产品和初加工农产品进行有机食品认证，主要服务于出口贸易和高端市场消费。1990 年，我国开始以初级农产品为基础，以加工农产品为主进行绿色食品认证，以满足不断增长的高层次消费需求。2001 年、2003 年我国先后推出无公害食品行动计划、食品安全行动计划，对农产品实施从"农田到餐桌"的全过程质量控制，建立和完善食品污染物监测网络。②

近年来，互联网的快速普及发展，促使人们的生活方式和消费方式发生

---

① 刘建鑫，王可山，张春林. 生鲜农产品电子商务发展面临的主要问题及对策 [J]. 中国流通经济，2016（12）：57-64.

② 王可山，苏昕. 我国食品安全政策演进轨迹与特征观察 [J]. 改革，2018（2）：29-42.

了深刻变革，农产品和食品网购及生鲜电商成为人们消费农产品、食品更为便利的方式，网购农产品（食品）市场逐步扩大。2013 年，农产品网络零售额达到 500 亿元，人均网购农产品消费支出 36.76 元；生鲜农产品电商交易额 126.7 亿元，人均网购生鲜农产品消费支出 9.32 元。到 2018 年，农产品网络零售额达到 3259 亿元，人均网购农产品消费支出 232.78 元，比 2013 年分别增长 551.8%和 533.24%。2018 年，生鲜农产品电商交易额达到 1950 亿元，人均网购生鲜农产品消费支出 139.29 元，比 2013 年分别增长 519.12%和 1394.53%。

在网购农产品（食品）市场逐步扩大的同时，网络交易的虚拟性、隐蔽性、不确定性和复杂性，使得网购农产品、食品的质量安全问题引起政府和社会的高度关注。有业内人士坦言，七成以上的"超市下架"食品流入电商平台，甚至不少都是无生产日期、无质量合格证、无生产厂家的典型"三无"产品。[①] 2014 年，我国开展网络食品交易专项整治，严厉查处通过互联网销售"三无"食品、不符合安全标准食品等违法违规行为。2015 年，《食品安全法》将网购食品纳入法律规范范围，规定"网络食品交易第三方平台提供者应当对入网食品经营者进行实名登记，明确其食品安全管理责任"；"消费者通过网络食品交易第三方平台购买食品，其合法权益受到损害的，可以向入网食品经营者或者食品生产者要求进一步加强网购食品的规制"。此外，受制于冷链物流和保鲜技术的实际应用状况，食品网购发展面临的困境更多。

第二节　研究意义

一、为农产品电子商务和网购食品质量安全问题研究积累文献资料

目前，对我国农产品电子商务和网购食品质量安全问题的研究正在逐步向前推进，已有研究成果为本书的研究提供了有益的借鉴。本书在对 CNKI 中国核心期刊数据库所收录的 804 篇相关文献进行文献计量分析，把握我国农产品电子商务和网购食品质量安全问题研究的前沿热点和动态趋势基础上，

---

① 经济参考报. 业内称七成超市下架食品流入电商平台网购需留意 [EB/OL]. [2017-01-20]. http://gd.sina.com.cn/finance/tousu/2017-01-20/cj-ifxzuswr9646275.shtml.

详细梳理了我国农产品电子商务发展历程和政策体系，对我国农产品电子商务和网购食品质量安全现状、特征、模式以及影响因素进行了全面系统的研究。研究中还通过大量问卷调研、典型调研获取了第一手资料，从而深入开展了相关问题研究。

因此，本书研究所获得的成果可为我国农产品电子商务和网购食品质量安全问题的研究提供重要的借鉴并积累重要的文献资料。

二、为加强农产品电子商务和网购食品质量安全管理提供借鉴

在电子商务快速发展的背景下，本书针对食品安全管理的现实需要，通过实地调研、电话访谈和调查问卷等方式，研究农产品电子商务和网购食品质量安全水平的现状及趋势，总结归纳农产品电子商务和网购食品质量安全的变化特征，客观分析农产品电子商务和网购食品质量安全的影响因素。在研究中，利用 2018 年 4—6 月进行问卷调研获取 1790 份网购食品消费者调研资料和 2009—2017 年发生的 387 个网购食品质量安全事件，通过交叉因素分析、多重响应分析、SC-RC 判别与定位矩阵及 Borda 序值法改进的风险矩阵法等方法，对网购食品质量安全管理问题进行实证研究，全面系统地分析网购食品质量安全管理有效运作的重点、难点及关键点。

因此，本书研究所获得的成果可为加强农产品电子商务和网购食品质量安全管理提供重要的借鉴。

三、为规范农产品生产经营活动，推进农业产业结构优化，促进网购食品消费升级提供理论和实践依据

本书对农产品电子商务交易模式及典型地区农产品电子商务发展经验进行了客观分析。基于供应链管理理论、信息不对称理论和产业经济学相关理论，从农产品供应链视角，对网购食品生产、加工、流通、消费等关键环节做了讨论，研究问题涉及安全农产品的有效供给、农业产业升级与产业结构优化、农产品标准化推进、现代农产品流通体系的构建、消费者权益保障和网购食品质量安全管理水平的提高等。本书认为，农业信息化和农产品电子商务的发展，在一些方面（如农产品供需信息交流等）缓解了信息不对称状况，但是由于网购交易的虚拟性和不确定性等特征，也在另外一些方面（如网购食品的外观、标准、品质等）加剧了信息不对称状况，需要通过创新网

购食品质量安全管理方式加以规范。

因此，本书研究所获得的成果可为规范农产品生产经营活动、推进农业产业结构优化、促进网购食品消费升级提供理论和实践依据。

第三节　我国农产品电子商务与食品网购研究状况

随着我国经济与互联网的日益紧密结合，电子商务已成为新型流通业态，并且在农业现代化发展过程中发挥着重要的助推作用。电子商务的不断发展，使网购成为消费者购买农产品和食品的主要渠道。近年来，国家明确提出要大力发展电子商务，国务院和各部委也先后发布政策推动电子商务与实体经济的深度融合。在此契机下，运用现代信息技术将传统农业与电子商务相融合，为农产品销售创新渠道，给农业发展带来新的机遇的同时，也有利于实现食品网购的持续健康发展。尽管农产品电子商务和食品网购给农业生产和百姓生活带来便利，但这一新兴领域的发展还存在一些问题。基础设施落后、缺乏电子商务相关人才、物流成本高、农产品品牌实力不强、消费者认可度低等因素成为农产品电子商务发展的劣势和威胁（童云，2018）。[1] 农产品尤其是生鲜农产品所具有的特性，对企业在生鲜农产品选择、冷链保鲜、物流配送等方面提出了新的要求，容易引起用户体验不稳定的问题，导致消费者对网上购买生鲜农产品缺乏信任（林家宝、万俊毅、鲁耀斌，2015）。[2] 因此，深入分析农产品电子商务与食品网购领域的研究状况、前沿热点和演化趋势，有助于针对问题深化研究。

相比于传统销售模式，借助电子商务平台进行农产品及食品的销售，是整合农产品及食品资源的有效渠道，城乡居民生活消费的各个方面基本为农产品电子商务和网购所覆盖。2014 年以来，国家支持农产品电商和食品网购的一系列政策密集出台，为农产品电子商务和食品网购的发展夯实了政策基础。基于此，国内众多学者围绕农产品电子商务和食品网购展开了一系列研究，积累了大量文献资料。本书以中国知网（CNKI）核心期刊数据库收录的

---

[1]　童云. 乡村振兴背景下农产品电子商务发展战略 [J]. 社会科学家，2018（3）：77-83.

[2]　林家宝，万俊毅，鲁耀斌. 生鲜农产品电子商务消费者信任影响因素分析：以水果为例 [J]. 商业经济与管理，2015（5）：5-15.

关于农产品电子商务和食品网购的研究文献为研究对象，运用文献计量法和 SATI、CiteSpace 软件对该领域的文献进行计量和可视化图谱分析，以全面了解农产品电子商务和食品网购研究领域的基本现状，准确把握该领域研究的前沿热点和动态趋势，为该领域后续研究提供借鉴。

一、数据来源与研究方法

为确保数据的权威性，本书以中国知网（CNKI）核心期刊数据库作为文献数据来源，对农产品电子商务和食品网购的研究文献进行检索和选取。文献检索及下载的时间为 2019 年 7 月 11 日，采用期刊高级检索，检索主题为"农产品电子商务""农产品电商""农产品网购""食品网购""网购农产品""网购食品""生鲜电商"，来源类别为"核心期刊"。通过主题检索共得到论文 875 篇，对检索到的文献进行数据清洗，剔除会议、通知、简介、书评等非学术性文献资源，最终确定有效文献 804 篇用于分析，时间跨度为 2003 年 1 月 1 日至 2019 年 7 月 11 日。

研究中利用 SATI 和 CiteSpace 软件作为分析工具对所收集的数据进行文献计量和可视化分析。SATI 是文献题录信息可视化软件，可处理最常见的 Endnote 格式数据，借助 SATI 文献题录信息统计工具对农产品电子商务与食品网购领域文献进行计量分析，可以明确农产品电子商务和食品网购领域研究的时间分布、核心作者、核心机构以及期刊来源等。CiteSpace 是一款在科学计量学、数据和信息可视化背景下发展起来的分析软件，可绘制关键词分析、共词分析和机构合作分析图谱，通过一系列可视化图谱呈现研究资料的科学知识结构、规律和分布情况，有助于进一步分析研究的前沿热点及演化趋势。总之，本书旨在利用 SATI 和 CiteSpace 软件分析农产品电子商务与食品网购研究领域的前沿热点和发展趋势，并以知识图谱的方式清晰、准确地把农产品电子商务与食品网购领域的研究动态及发展趋势呈现出来。

二、农产品电子商务与食品网购研究的基本状况分析

1. 时间分布

为了考察农产品电子商务与食品网购领域研究的整体状况，本书对该领域的研究文献按时间分布进行计量分析，以体现该领域研究的发展态势和受关注程度。2003 年至 2019 年 7 月，农产品电子商务和食品网购研究领域的发

文数量除了个别年份出现下降外，总体上呈现出增长态势（如图 1-1 所示），对农产品电子商务和食品网购的研究可以大致分为三个阶段。

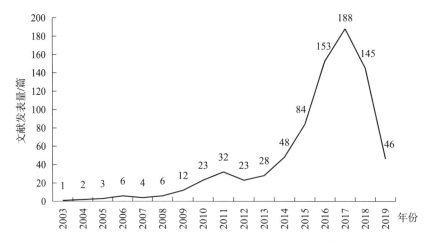

图 1-1　2003—2019 年 CNKI 核心期刊数据库中农产品电子商务和食品网购研究论文数量

　　第一阶段为 2003—2008 年的初始阶段，对农产品电子商务和食品网购的研究刚刚进入研究者的视野，取得的学术研究成果还很少。2003 年 CNKI 核心期刊数据库收录了第一篇该领域的学术论文，这期间共发表相关核心期刊论文 22 篇。这种研究状况主要是由于农产品、食品的特殊属性以及农产品物流的局限性，当时的农产品电子商务还属于广义农产品电子商务，处于以农产品信息展示为主的信息平台建设阶段。这一阶段涌现的农产品信息平台，如 2003 年建成的"三农直通车"、2005 年建成的"爱农驿站"、2006 年建成的"新农村商网"等，为后来的农产品电子商务的发展奠定了必要基础。

　　第二阶段为 2009—2013 年的稳步增长阶段，越来越多的学者开始关注农产品电子商务和食品网购的研究，取得的学术研究成果稳步增多。这期间共发表相关核心期刊论文 118 篇，比第一阶段增加了 436.36%。这一阶段出现了大量农产品电子商务和食品网购平台，如我买网和 1 号店等，主要经营耐储藏、损耗小、易运输的农产品和食品。线上交易还处于起步时期，交易额不高，2010 年的农产品电子商务交易额只有 37 亿元。但是，由于人们对高品质、安全食品的需求持续增加，生鲜农产品电商在这一阶段开始萌芽，菜管家、莆田网、天天果园、沱沱工社、淘宝生鲜等电商先后上线，研究者在这一时期围绕农产品电子商务模式、网购特征和网上支付等研究较多。

第三阶段为 2014 年至今的快速增长阶段，农产品电子商务和食品网购的研究成果数量大幅增多。这期间共发表相关核心期刊论文 664 篇，比第二阶段增加了 492.86%。在政策、资本、市场需求等多方因素的推动下，随着技术的逐渐成熟和消费者购买力的增强，生鲜农产品电子商务市场也逐渐活跃了起来。2018 年生鲜电商零售额已达 2365.8 亿元，比 2013 年（126.7 亿元）增长了 1767.25%，快速增长态势显著。今后，随着"互联网+"、农业供给侧结构性改革、乡村振兴、数字中国等一系列国家战略的深入推进，将继续带动这一领域的研究。

2. 核心作者分布

在农产品电子商务和食品网购领域有较高影响力的研究者，在一定程度上可由其发文量来分析，进而有利于把握该领域的研究层次和研究队伍的基本状况。本书借助 SATI 进行计量分析发现，2003—2019 年我国共有 1188 位学者从事农产品电子商务和网购食品领域的研究。其中，林家宝教授（华南农业大学）和鲁钏阳教授（西南政法大学）发文量最高，分别为 9 篇。其次是洪涛教授（北京工商大学）和但斌教授（重庆大学），发文数量为 6 篇。根据普赖斯定律（Price Law），高产作者发文量的下限为 $N \approx 0.749 \times \sqrt{N_{max}}$（其中，N 为作者的最低发文量，$N_{max}$ 为作者的最高发文量），计算得出发表 3 篇以上即为该领域的高产作者。据此统计得出，该领域高产作者有 38 位，共发文 140 篇，占总发文量的 17.41%。同时，本书运用 CiteSpace 工具对该研究领域进行作者合作网络分析，以更清楚地了解农产品电子商务和网购食品研究领域核心作者的分布情况。在 CiteSpace 软件中通过完成相应的参数设置后，运行得到作者之间的合作关系共现图（如图 1-2 所示），共有 57 个节点，18 条连线，网络密度为 0.0113。节点越大发文量越多，连线越多合作者越多。

结果表明，虽然我国农产品电子商务和网购食品研究已经围绕核心作者形成若干研究团队，但规模普遍较小，成员数量不多。其中，发文量较多、比较突出的有鲁钏阳和廖杉杉两位专家学者组成的研究团队。其次，还有以林家宝教授为中心的合作群体，成员主要有李婷、李蕾、胡倩等专家学者。另外，以洪涛教授为核心的研究群体和以但斌教授为核心的研究群体也都长期致力于农产品电子商务和食品网购领域的学术研究。其他多为小规模合作

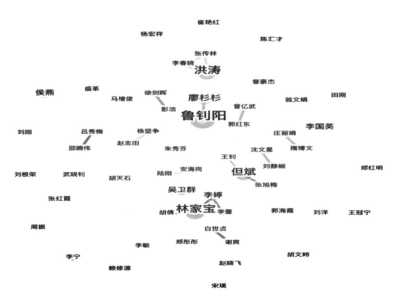

图 1-2　我国农产品电子商务与食品网购研究作者合作关系共现图

群体和一些合作程度不太明显的专家学者，虽然在总的发文数量上没有优势，但也为该领域的研究做出了一定的贡献。因此，合作关系共现分析表明，我国农产品电子商务和食品网购研究领域的作者和研究团队之间的合作交流有待加强。

3. 机构分布

为了分析不同机构对农产品电子商务和食品网购研究领域的关注和贡献程度，了解研究机构之间的合作程度状况，本书对收集的文献资料按最小单位进行计量分析。结果表明，目前国内针对农产品电子商务和食品网购研究领域的研究机构约为 657 个，有 34 家机构的发文量在 5 篇以上，这 34 家机构在核心期刊上共发文 278 篇，占总发文数量的 34.58%。其中，发文量最多的机构为华南农业大学和北京工商大学，都分别发文 19 篇。其次为中国农业大学、中国人民大学、重庆大学、北京物资学院、西南政法大学和重庆工商大学，发文量均为 12 篇。河北农业大学和华中农业大学发文量也较多，分别为 11 篇和 10 篇（见表 1-1）。因此，这些机构对农产品电子商务和食品网购研究领域的关注程度较高，研究较持续，有一定的深度和广度。

表1-1 我国农产品电子商务与食品网购研究研究机构分布（发文量≥5）

（单位：篇）

序号	机构	发文量	序号	机构	发文量
1	华南农业大学	19	18	兰州财经大学	7
2	北京工商大学	19	19	中国社会科学院	7
3	中国农业大学	12	20	武汉东湖学院	6
4	重庆大学	12	21	福建农林大学	6
5	中国人民大学	12	22	郑州大学	5
6	北京物资学院	12	23	天津农学院	5
7	西南政法大学	12	24	中州大学	5
8	重庆工商大学	12	25	中南大学	5
9	河北农业大学	11	26	河南经贸职业学院	5
10	华中农业大学	10	27	东北农业大学	5
11	哈尔滨工商大学	9	28	韶关学院	5
12	吉林大学	9	29	肇庆学院	5
13	河南牧业经济学院	8	30	钦州学院	5
14	南京农业大学	8	31	河北经贸大学	5
15	农业农村部	8	32	华中科技大学	5
16	电子科技大学	7	33	中国农业科学院	5
17	湖南商学院	7	34	重庆社会科学院	5

　　为分析农产品电子商务和食品网购研究领域的机构合作状况，本书以发文机构为主要分析对象，在 CiteSpace 软件中通过完成相应的参数设置后，运行得到农产品电子商务和食品网购研究领域的研究机构之间的合作关系共现图，共有节点 61 个，连线 9 条，网络密度为 0.0049（如图 1-3 所示）。

　　结果表明，节点分散且各节点之间连线较少，说明国内农产品电子商务与食品网购领域的研究机构合作性不强。目前，以西南政法大学为核心形成一个相对较大的研究群体，同重庆社会科学院和贵阳职业技术学院合作开展研究。此外，华南农业大学与钦州学院、华中农业大学与湖北大学、农业电子商务湖北省协同创新中心与武汉东湖学院、上海理工大学与丽水学院等研究机构之间存在合作关系。因此，我国大部分研究机构在农产品电子商务与食品网购研究领域还未形成较强的合作关系，各研究机构之间还有待加强合作交流。

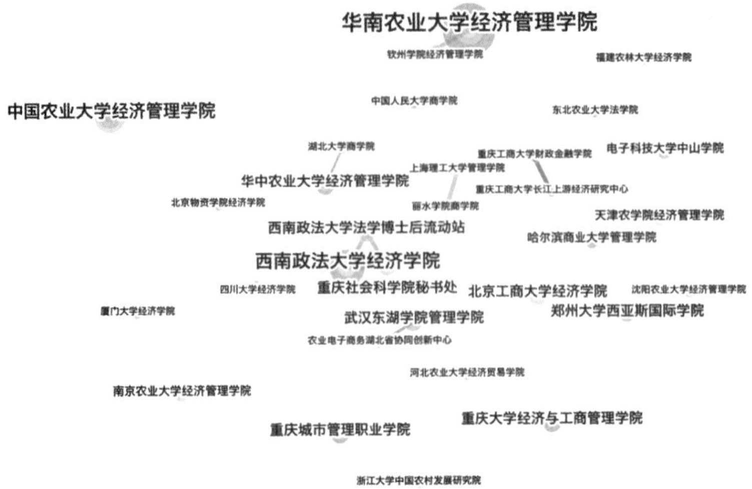

图1-3　我国农产品电子商务与食品网购研究机构共现图

4. 期刊来源分布

　　为分析关注农产品电子商务与食品网购研究领域选题的主要核心刊物，方便研究者选择高质量的期刊进行文献查阅和论文发表，本书对农产品电子商务与食品网购研究领域已有成果的期刊来源进行统计分析。所分析的804篇文献来源于147种核心期刊，其中《商业经济研究》的载文量最多，共184篇，占核心期刊总发表文献的22.89%。其次为《农业经济》，载文量为112篇，占核心期刊总发表文献的13.93%。排名第三的《中国流通经济》载文量33篇，占核心期刊总发表文献的4.10%。表1-2给出载文量在10篇及以上的14种期刊，共载文527篇，占核心期刊总发表文献的65.55%，说明农产品电子商务与食品网购研究领域的文献期刊来源分布主要集中发表在这14种期刊上。

表1-2　我国农产品电子商务与食品网购研究主要期刊来源分布（载文量≥10）

（单位：篇）

序号	期刊	载文量	期刊划分
1	商业经济研究	184	——
2	农业经济	112	——
3	中国流通经济	33	CSSCI
4	价格月刊	32	——

序号	期刊	载文量	期刊划分
5	世界农业	30	JST、CSSCI
6	江苏农业科学	24	JST
7	商业时代	23	—
8	安徽农业科学	20	CA、JST
9	改革与战略	14	—
10	农村经济	12	CSSCI
11	农业经济问题	11	CSSCI
12	物流技术	11	—
13	商业经济与管理	11	CSSCI
14	中国农业资源与区划	10	JST、CSCD、CSSCI

注："—"表示仅为北京大学《中文核心期刊总览》来源期刊收录。

从发表期刊的收录情况来看，这些期刊除了全部被北京大学《中文核心期刊总览》来源期刊收录外，其中被中文社会科学引文索引（2019—2020）来源期刊（CSSCI）和中国科学引文数据库（2019—2020）来源期刊（CSCD）收录的有6种，占载文量≥10期刊总数的42.86%，有些期刊还被日本科学技术振兴机构数据库（JST）、化学文摘（CA）等同时收录。因此，我国农产品电子商务与食品网购研究领域的文献质量是比较高的。

三、农产品电子商务与食品网购研究的前沿热点分析

为挖掘农产品电子商务和食品网购研究领域的研究热点，本书对文献的关键词进行统计分析。通过运用 CiteSpace 软件将 Node Types 选为 Keyword，时间段设为 2003—2019 年 7 月，并选择 Pathfinder 算法对网络进行裁剪，由此运行可得到文献关键词出现的频次和各关键词的联系程度。

从关键词的数量上来看，在 804 篇文献中提炼出关键词 1369 个，其中出现频次不低于 10 次的关键词共有 37 个，出现频次 20 次及以上的高频关键词共有 15 个。其中，"电子商务"这一核心关键词出现的频次最高，共出现 250 次。其次为农产品、生鲜农产品和生鲜电商，分别出现 215 次、60 次和 46 次。由于节点的中介中心性主要用来测度节点的重要性，因此可以看出在提炼出的关键词中，"对策"的中介中心性最高，达到 0.90（见表 1-3），说明在农产品电子商务和食品网购研究领域，研究的实践性、应用性较强，更关

注采取相应对策推动农产品电子商务和食品网购的发展。

表1-3　我国农产品电子商务与食品网购研究文献的高频关键词（频次≥20）

（单位：次）

序号	年份	关键词	频次	中介中心性
1	2004	电子商务	250	0.76
2	2006	农产品	215	0.48
3	2011	生鲜农产品	60	0.28
4	2015	生鲜电商	46	0.30
5	2015	"互联网+"	34	0.05
6	2011	农产品电子商务	33	0.25
7	2014	农产品电商	32	0.09
8	2007	对策	28	0.90
9	2015	互联网+	27	0.12
10	2010	农产品流通	27	0.08
11	2008	农业电子商务	26	0.77
12	2016	农村电商	25	0.02
13	2015	农村电子商务	24	0.00
14	2010	发展模式	21	0.31
15	2010	农产品物流	20	0.32

为考察关键词之间的联系程度，本书对关键词进行共现聚类分析，经过聚类后共产生了10个聚类结果，清晰地展现了每个聚类的主题。在调试时去除"电子商务"这一频次突出且标识文献选取方向的关键词，节点以引文年轮的形式显示，时间切片设为3，使用对数似然率算法（LLR）从关键词中抽取聚类名称，生成关键词共现聚类图谱（如图1-4所示）。据此，可以将我国农产品电子商务与食品网购研究的热点归结为如下五个方面。

1. 农产品及网购食品流通

流通模式的改进是提高农产品电子商务经济效果最直接的方式。农产品及网购食品流通研究热点的形成主要从图1-4中的聚类#4、聚类#6和聚类#7中体现，这3个聚类的文献主要涉及"流通模式""农产品物流""农产品流通"等主题，其中"农产品流通"的节点较大，相关研究文献较多。

电子商务环境下的农产品流通模式是影响农业现代化发展的重要因素。

图 1-4 我国农产品电子商务与食品网购研究文献关键词共现聚类图

现有的农产品电子商务模式主要有 B2C、B2B、C2C、C2B、O2O、BOB 等不同模式，并且在实践中发生各种类型的模式演变。孔令孜、韦志扬等（2010）围绕农产品特性分别设计了龙头企业与小型生产商之间的 B2B 模式、农贸市场和消费者之间的 M2C 模式及企业、农户与中介机构相结合的 B2I2F 农产品流通模式。[①] 为了有效解决 B2C 模式的库存问题和 C2C、O2O 模式可能出现的质量安全和服务问题，姚远（2018）认为 B2B2C 模式更具优势。[②] 当前，在农产品及网购食品流通领域存在一些突出问题。比如，农产品流通主体层次较低，流通成本过高，农产品流通信息化还较落后，农村物流基础设施薄弱，农产品流通损耗严重等（李霞，2018）。[③] 为此，张鑫（2016）认为在农产品电子商务发展上仅靠农户和企业的力量还不够，政府应整体规划、

① 孔令孜，韦志扬，温国泉，麻小燕，韦丽萍. 广西农业电子商务发展模式研究 [J]. 广东农业科学，2010（7）：201-203.

② 姚远. 基于 B2B2C 电商模式的"农产品上行"问题与策略探析 [J]. 农业经济，2018（6）：139-140.

③ 李霞. 电子商务环境下农产品流通效率影响因素及路径研究 [J]. 农业经济，2018（11）：133-134.

引导全局，发挥导向作用。① 加强农产品流通信息服务建设，建立"互联网+农产品物流"的农产品物流运作模式（童红斌，2016）。② 同时，构建基于互联网和移动互联网的地级市域范围内的物流配送运营服务体系（武晓钊，2016），③ 加强村企合作，建立大众配送模式（马小雅，2016）。④ 引入多元化的投资力量进行农村物流基础设施建设，逐步搭建物流骨干网络，加快冷链物流设施建设（李利晓，2015；吴坤，2018）。⑤⑥ 此外，胡瑜杰（2017）认为应增强农户应用互联网的意识，提高农户电子商务能力；⑦ 健全农产品电子商务法律体系，以法律手段保障农产品电子商务发展（郭海霞，2010）。⑧

2. 农产品电商及食品网购发展对策

近年来，农产品电商和食品网购发展迅猛，但是发展中存在基础设施不完善、农产品流通体系不健全、商业信誉约束机制欠缺、农产品物流发展不足等问题（田英伟，2012）。⑨ 从图 1-4 可以看出，聚类#3 和聚类#9 的文献以"影响因素"和"发展路径"为研究主题，集中对农产品电子商务和网购食品发展所面临的问题进行了深入细致的研究，出现频次较高的关键词有"跨境电商""网络营销""发展对策"及"创新"等，重点关注农产品电子商务和食品网购如何更好地发展。

在基础设施建设方面，谷素华（2013）提出加快农产品市场电子商务设施和交通运输设施建设，完善物流配送体系。⑩ 陈奕男（2017）认为通过强化多部门合作，完善物流系统标准建设；⑪ 通过整合供应链、加强电商与物流

---

① 张鑫. 电子商务背景下农产品流通模式分析 [J]. 商业经济研究，2016 (16)：167-168.

② 童红斌. 基于"互联网+"的农产品物流信息化研究 [J]. 商业经济研究，2016 (12)：89-91.

③ 武晓钊. 农村电子商务与物流配送运营服务体系建设 [J]. 中国流通经济，2016 (8)：99-104.

④ 马小雅. 广西农村电商物流发展对策 [J]. 开放导报，2016 (5)：77-80.

⑤ 李利晓. 影响我国农村物流的因素及发展对策研究 [J]. 价格月刊，2015 (5)：68-72.

⑥ 吴坤. 谈苏北地区农村电商的发展：以徐州为例 [J]. 商业经济研究，2018 (2)：71-72.

⑦ 胡瑜杰. 电子商务背景下农产品流通效率提升探讨 [J]. 商业经济研究，2017 (10)：154-155.

⑧ 郭海霞. 农产品电子商务发展的法律保障 [J]. 学术交流，2010 (5)：46-48.

⑨ 田英伟. 我国农产品电子商务发展的现实困境及路径选择 [J]. 价格月刊，2012 (7)：54-57.

⑩ 谷素华. 城镇化进程中电子商务在农业中的运用研究 [J]. 商业时代，2013 (25)：53-54.

⑪ 陈奕男. "互联网+"时代农产品物流发展路径探究 [J]. 农业经济，2017 (6)：112-114.

的充分融合等措施降低物流成本（王玉勤、胡一波，2012）①。针对产品品质及同质化问题，成晨、丁冬（2016）认为要重视品牌个性化与专业化服务。②通过实施农产品分类管理，以确保农产品品质（于菊珍，2017）。③ 而且，农产品属性、品牌等（郑亚琴、杨颖，2014），④ 产品种类认知、食品安全与健康支付意愿、食品安全认证标志等（吴自强，2015），⑤ 消费者的感知价值、农产品质量与安全意识（赵晓飞、高琪媛，2016）等⑥也是影响网购食品、农产品消费的重要因素。

在改善营商环境方面，我国冷链物流营商环境还有待优化，部分地区冷链基础设施结构失衡，诚信缺失、监管缺位问题突出，冷链物流人才短缺严重（崔忠付，2019）。⑦ 应完善我国农产品电子商务法律制度，加大执法监督力度，用法律体系来约束食品经营者行为（郭海霞、韩学平，2010）。⑧ 针对网购食品交易的复杂性，应加快网购食品安全信用体系建设，强化消费者食品安全意识，拓宽消费者网购维权渠道（张红霞，2017）。⑨ 未来农产品电子商务和食品网购的发展将强化品牌建设、产品质量可追溯、专业人才培训、销售诚信体系建设等方面，以促进该领域持续健康发展。

3. 互联网+食品质量安全

互联网+食品质量安全研究热点的形成可以由图1-4中的聚类#5看出。该聚类的文献研究重点主要涉及"互联网+""物联网""食品安全"以及"网购"等主题，与食品网购相关的文献多集中于这一研究热点。随着"互联

---

① 王玉勤，胡一波．B2C电子商务企业降低物流成本途径探析［J］．物流技术，2012（15）：204-206．

② 成晨，丁冬．"互联网+农业电子商务"：现代农业信息化的发展路径［J］．情报科学，2016（11）：49-52+59．

③ 于菊珍．"互联网+"视阈下民族地区农产品电商发展研究［J］．贵州民族研究，2017（12）：196-199．

④ 郑亚琴，杨颖．生鲜农产品网购选择的影响因素［J］．郑州航空工业管理学院学报，2014（5）：49-52．

⑤ 吴自强．生鲜农产品网购意愿影响因素的实证分析［J］．统计与决策，2015（20）：100-103．

⑥ 赵晓飞，高琪媛．农产品网购意愿影响因素及作用机理研究——基于参照效应视角的分析［J］．北京工商大学学报（社会科学版），2016（3）：42-53．

⑦ 崔忠付．2018中国冷链物流回顾与2019展望［J］．中国物流与采购，2019（4）：12-13．

⑧ 郭海霞，韩学平．论我国农产品电子商务发展的法律保护［J］．前沿，2010（17）：64-66．

⑨ 张红霞，杨渊．消费者网购食品安全信心及其影响因素分析［J］．调研世界，2017（10）：17-22．

网+食品/农产品"模式的形成，食品流通渠道从传统的有形实物流通转变为虚拟特征显著的网络交易。网络交易虽然比传统交易少了一些分销环节，但它的特殊性促使食品安全监管面临转型升级。因此，网购食品质量安全问题成为这一研究热点的主要方向。

"互联网+"时代的到来影响了传统的流通和消费方式，而且对农业发展、农产品和食品流通影响越来越大。自2015年以来，中央一号文件就开始强调以"互联网+"为背景，利用现代化信息技术推进农业产业现代化发展，扩展农产品销售渠道，扩大农产品销量。然而，通过电子商务平台来进行食品在线交易，消费者缺乏感知和体验，并且一些电子商务平台销售的产品大多是自产自销，使得网购食品质量安全成为消费者关注的问题。在信息不对称条件下，网购食品一旦出现纠纷难以维权，消费者往往对网购食品质量安全缺乏信心（刘俊芳，2010）。[①] 这些问题的出现主要是因为农产品、食品生产经营者、电商平台、物流和消费者等多个环节存在监管困境（纪杰，2018），[②] 其中问题在电商销售环节和食品加工环节较为集中（王可山、张丽彤、樊奇奇，2018）。[③] 因此，需要政府与食品网购供应链平台共建管理模式，建立卖家食品安全信用档案，制定标准化产品质量体系（刘永胜、甘莹莹、徐广姝，2018）。[④] 同时，要抓好源头治理，引导农户注重农产品品牌和声誉。此外，完善的物流体系是食品质量安全的重要保障体系，还要做好从田间到餐桌全过程管理，健全网购食品质量安全监管体系。

4. 生鲜农产品电子商务

生鲜农产品电子商务研究热点主要由图1-4中的聚类#0和聚类#8形成。在这一研究热点下，"生鲜农产品"和"鲜活农产品"关键词节点较大，出现频次较高。这主要是因为近年来生鲜农产品市场开始越来越受电商企业关注，消费者网购生鲜农产品数量也在大幅增多，生鲜农产品电子商务成为研

[①] 刘俊芳. 网购食品的法律探析——以食品安全法的视角 [J]. 东南大学学报（哲学社会科学版）2010（12）：98-101.

[②] 纪杰. 基于供应链视角的网购食品安全监管困境及策略研究 [J]. 当代经济管理，2018（9）：32-38.

[③] 王可山，张丽彤，樊奇奇. 供应链视角下网购食品质量安全关键控制点研究 [J]. 河北经贸大学学报，2018（6）：87-94.

[④] 刘永胜，甘莹莹，徐广姝. 网购食品供应链平台与平台卖家信号传递的博弈 [J]. 商业研究，2018（10）：19-27.

究的热点。

由于消费者对新鲜度、品质的需求不断提升,生鲜农产品成为农产品体系中经济效益最高的产品(党辉、严军花、来燕,2017)。① 但是,目前我国生鲜农产品电子商务发展还面临仓储难、物流难以及标准化程度低等问题,市场渗透率和消费者黏性还不足,如何增进消费者购买意愿是当前研究的难点所在。张仲雷(2017)认为重视生鲜农产品营销能力建设,抓好产品价格与特色,树立品牌意识可以增加消费者的信任。② 目前,我国生鲜农产品电子商务模式主要是综合型电商和专业垂直型电商,在质量安全和物流配送方面存在局限性(周明,2017)。③ 邹俊(2011)通过实地调查提出,消费者尝试网购生鲜农产品的意愿较高,对物流配送速度和产品质量的要求也较高,物流基础设施建设迫在眉睫。④ 李莉(2017)认为要确保物流运输环节产品质量,强化对物流成本和时效性的控制。⑤ 因此,物流服务的创新可以提升生鲜电商企业的物流效率和服务质量,实现顾客价值增值(刘刚,2017),⑥ 生鲜农产品电子商务的发展离不开农产品物流体系的建设和发展。

5. 农产品上行与乡村振兴

党的十九大提出乡村振兴战略并做出了一系列的战略部署,同时指出发展农村电商产业是落实乡村振兴的有力举措。众多学者对农产品上行、电商扶贫和促进乡村振兴等方面展开了大量研究,聚类#1 和聚类#2 的文献也表明以"农产品上行"和"乡村振兴"为主题的农产品电子商务和食品网购研究是当前的热点内容。

农产品上行是农村电商发展的重中之重,是解决我国乡村商品经济发展

---

① 党辉,严军花,来燕. 生鲜农产品电子商务的完善与升级研究 [J]. 农业经济,2017(1):136–138.

② 张仲雷. 生鲜农产品电子商务进程实证研究——以甘薯为例 [J]. 中国农业资源与区划,2017(5):76–80.

③ 周明. 电子商务破解生鲜农产品流通困局的内在机理——以天猫生鲜与沱沱工社双案为例 [J]. 商业经济研究,2017(2):72–74.

④ 邹俊. 消费者网购生鲜农产品意愿影响因素实证研究 [D]. 华中农业大学,2011.

⑤ 李莉. 电子商务环境下生鲜农产品物流模式优化对策 [J]. 商业经济研究,2017(19):138–140.

⑥ 刘刚. 生鲜农产品电子商务的物流服务创新研究 [J]. 商业经济与管理,2017(3):12–19.

不平衡不充分的一个重要方面。对此，陈劲松（2018）认为建立基于农业供给侧视角下的电子商务发展模式是解决农村地区农产品上行困境的有效策略，并提出在构建农产品上行渠道时应考虑当地资源条件、电商从业者能力、电商平台进入壁垒、目标顾客消费能力、政策因素、渠道总体成本等依赖因素。① 李曼（2018）则认为实施差异化战略将对农产品上行问题的解决起到极大促进作用，并提出优化农产品上行策略应从重构差异化农产品价值链、构建差异化产品品牌、优化差异化农产品供应链 3 个方面着手。②

农产品销售公共服务平台建设和农村电商的发展将在乡村振兴战略实施中发挥重要作用。当前，农村产业融合正在步入快速发展期，焕发出了多业态打造、多主体参与的新气象。其中，农产品电商是具有代表性的新产业新业态，经营模式从线上向线上线下互动相结合转变（周振，2019）。③ 要关注农产品电商发展过程中的农产品品牌问题，很多电商小企业以销售自家农产品为主，对农产品品牌建设重视不够，现代网络营销手段较为欠缺，消费者认可度低（童云，2018）。④ 与此同时，要强化农村电商运营主体培育，优化农村电商市场运营模式，完善农村电商物流体系建设（庞爱玲，2019）。⑤

四、农产品电子商务与食品网购研究的演化趋势

为全面把握该领域研究的演化趋势，本书利用 CiteSpace 对农产品电子商务与食品网购研究的关键词进行时区分析，进一步研究农产品电子商务和食品网购领域的研究热点演化规律。时间范围为 2003—2019 年 7 月，时间切片设为 5，节点类型选择 Keyword，仍选用 Pathfinder 算法对合并后的网络进行剪裁，并将运行结果以时区图的形式展示，得到农产品电子商务与食品网购研究时区图（如图 1-5 所示）。由图 1-5 可知，2003—2019 年，我国农产品电子商务和食品网购领域的研究热点随时间演化的规律较为明显。

---

① 陈劲松，窦志慧，徐大佑．供给侧视角下"农产品上行"电商渠道模式研究［J］．商业经济研究，2018（14）：123-126.

② 李曼．我国偏远乡村农产品上行差异化战略［J］．西北农林科技大学学报（社会科学版）2018（4）：127-133.

③ 周振．我国农业农村经济形势及发展展望［J］．宏观经济管理，2019（3）：37-47.

④ 童云．乡村振兴背景下农产品电子商务发展战略［J］．社会科学家，2018（3）：77-83.

⑤ 庞爱玲．乡村振兴战略下农村电商产业发展困境与路径［J］．农业经济，2019（7）：123-124.

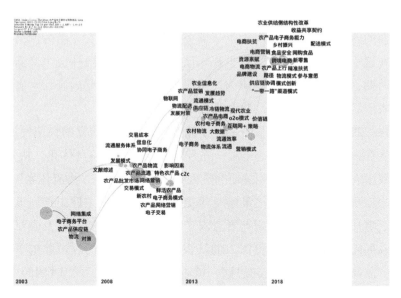

图 1-5　2003—2019 年农产品电子商务与食品网购研究时区图

2003—2008 年，我国农产品电子商务和网购食品领域处于前瞻性理论研究和对实践的初步探索阶段。该阶段文献数量较少，这一时期的主题为"电子商务平台""物流""对策""农产品供应链"和"网络集成"等。由于我国电子商务起步较晚，该阶段虽然全国性的农产品网络信息系统已初步建成，但还未达到电子商务在线交易的要求。因此，国内学者主要从宏观层面研究农产品电子商务平台、农产品供应链、物流体系构建和网络集成等内容，主要针对这一时期农户生产规模小、农产品流通不畅和交易成本高等问题，探索农产品供应链的电子化和网络集成化模式，为农产品电子商务和食品网购的发展做了大量前期基础性研究。同时，电子商务平台的发展也为物流发展带来契机，如何充分利用电子商务平台更好地促进物流运作也是众多学者普遍探索的问题。

2009—2013 年，我国农产品电子商务和食品网购领域的研究处于稳步发展阶段，该阶段学者对农产品电子商务与食品网购的研究开始进一步细化，从原来的宏观层面的研究转向更加具体的研究，表现在"电子商务模式""流通体系""交易模式""交易方式""农产品流通"和"C2C 模式"等主题的出现。这一时期，大批传统零售企业和制造企业已通过第三方电商平台开展电子商务，学者开始研究农产品电子商务模式和农产品物流基础设施的完善，并逐步关注农产品电子商务和食品网购市场发展的问题，其中农产品营销和农村物流基础设施建设是研究的重点对象。"网络营销"和"新农村"也是这一时期的热词，移动终端成为电子商务市场新领域，农产品的网络营销策略研究在这个阶段开始受到学者重视。该阶段还恰逢中国社会主义新农村建设重要时期，农业和农村发展成为此阶段后期研究的重要内容，学者尝试通过改进农产品电子商务模式，助力新农村建设。

2014—2019 年，是我国农产品电子商务与食品网购研究的快速发展阶段，国内学者在该领域发文量增速迅猛，并且研究层面也日益具体化。从 2014 年开始，我国农产品电子商务相关研究进入高速增长阶段，"物流体系""冷链物流""流通效率"和"营销策略"等更加具体的研究主题出现，该阶段的研究层面更加细化。此时，研究者对农产品电子商务发展模式及农村物流发展所面临的问题和瓶颈有了更深入的认识，基于物联网的农产品电子商务为解决农产品流通问题提供了新思路。该阶段处于"十二五"时期的中后期，生鲜农产品、冷链物流是此阶段研究重点，研究内容契合国家对冷链物流的发展进程做出的规划。另外，"供应链"和"价值链"主题凸显，供应链视角下的农产品电子商务发展及农产品电子商务与食品网购价值链研究日益增多。随着 2015 年国家提出"互联网+"行动计划，以及十九大指出推动互联网、大数据等与实体经济深度融合发展，研究者对"互联网+"背景下的电子商务发展关注度随之上升，"物联网""大数据"和"信息化"等主题出现，现代信息技术与农业的结合日趋紧密。并且，在"一带一路"倡议、"农业供给侧结构性改革""乡村振兴"等国家战略的推动下，农产品电子商务与食品网购相关研究开始涉及"一带一路""农业供给侧结构性改革""乡村振兴"和"精准扶贫"等主题。在这些战略背景下，农产品电子商务助力乡村振兴是众多研究关注的趋势所在，学者聚焦这一趋势研究政策、探索方法及寻找思路。

总之，农产品电子商务和食品网购领域的研究文献数量日益增多，主题更加丰富，研究内容也日趋深入和细化。总体趋势向着完善农产品电子商务与食品网购的基础设施、优化农产品电子商务模式和物流体系、构建电子商务服务体系以及农业供给侧结构性改革、乡村振兴等方面深入展开。

五、文献计量分析结果与建议

本书通过运用文献计量法和可视化软件对 2003—2019 年 CNKI 核心期刊数据库收录的 804 篇文献进行统计和可视化分析，研究了农产品电子商务和

食品网购领域的研究状况、前沿热点及演变趋势。研究结论如下:

第一,我国农产品电子商务和食品网购研究的文献发文量总体上呈上升趋势,致力于该领域研究的专家学者和机构取得了丰富的研究成果,所选的804篇文献来源于147种核心期刊,质量较高且具有一定影响力。2003—2013年发文量较少,2013年后研究热度上升,发文量激增,随后增速和热度都得到保持。我国农产品电子商务和食品网购研究领域的核心作者主要有林家宝、鲁钊阳、洪涛和但斌等专家学者,华南农业大学、北京工商大学、中国农业大学、中国人民大学、重庆大学、北京物资学院等机构是该领域主要的研究力量。

第二,农产品电子商务和食品网购研究热点的关键词是电子商务、网购、农产品、生鲜农产品、生鲜电商、"互联网+"、对策、流通模式和农产品物流等。通过对关键词共现图谱分析发现,农产品电子商务和食品网购研究热点主要包括农产品及网购食品流通、农产品电子商务及网购食品发展对策、互联网+食品安全、生鲜农产品电子商务、农产品上行和乡村振兴5个方向。

第三,近年来我国农产品电子商务和食品网购研究发展迅速,各个时段的相关研究前沿大有不同,主要经历了初步探索阶段、不断细化的稳步发展阶段和深入研究的快速发展阶段,研究者的视域不断扩展,极大丰富了农产品电子商务和食品网购研究的外延。而且,研究面不断细化,研究一步步深入,从最初发展农产品电子商务与食品网购的宏观问题探索,发展至今趋向密切结合国家战略研究具体问题、解决方案。随着信息技术的发展以及新型经济形态"互联网+"的提出,以"互联网+"为背景的农产品电子商务与食品网购新型流通业态成为发展趋势。与此同时,乡村振兴战略和农业供给侧结构性改革的推进,让农村电商、农产品电子商务研究的热度将会得到保持,并且向深化研究农村电商服务体系、营商环境、标准化品牌化方向发展。

为了更好地促进农产品电子商务和食品网购领域的研究,本书在对该领域相关文献进行计量和可视化分析的基础上,提出以下建议:

(1)要完善作者之间和机构之间的合作机制,逐步在农产品电子商务和食品网购研究领域形成关系密切的合作研究群体和交流网络。

(2)密切结合国家战略和政策,以农业高质量发展过程中面临的实际问题为导向,不断深化研究内容,拓展研究领域。

(3)在数字经济快速发展,创新生态持续优化,新动能培育制度不断加强的背景下，密切关注农产品电商和食品网购面临的短板问题，加强农村电商产业的系统性研究。

第四节　研究目标和研究内容

一、研究目标

本书以供应链管理理论和信息不对称理论为基础，基于供应链全程控制的理念，对农产品电子商务和网购食品质量安全问题进行理论分析和实证研究，提出促进农产品电子商务发展和保障网购食品质量安全水平的政策建议。

具体目标包括：

（1）研究农产品电子商务政策变迁、发展状况及主要特征；

（2）研究农产品电子商务主要模式及影响因素；

（3）研究网购农产品的消费现状、影响因素和发展趋势；

（4）研究消费者网购食品的选择行为及维权意愿；

（5）研究生鲜电商配送成本的影响因素及控制优化措施；

（6）研究网购食品质量安全发生的主要环节、类型和关键控制点。

二、研究内容

基于以上研究目标，本书的主要研究内容如下：

第一部分：农产品电子商务和网购食品质量安全管理的研究动态和发展趋势。

围绕农产品电子商务和网购食品质量安全管理的现实需求，国内众多学者进行了大量研究，积累了丰富的文献资料。本书以 2003—2019 年 7 月 11 日的 CNKI 中国核心期刊数据库收录的农产品电子商务和网购食品质量安全文献为主要研究对象，基于文献计量、SATI 和 CiteSpace 软件对农产品电子商务和网购食品质量安全管理研究领域的文献进行文献计量分析和可视化图谱分析，以全面了解农产品电子商务和网购食品质量安全管理研究的基本状况，系统把握该领域研究的前沿热点和动态趋势，为后续的研究提供一定的参考借鉴。

第二部分：农产品电子商务政策变迁与发展特征。

在全面梳理我国涉农信息服务平台建设情况，分析我国农产品电子商务的发展阶段基础上，研究不同时期我国农产品电子商务政策体系及其变迁，并对农业农村部及各省（自治区、直辖市）有关部门在积极建设示范性和具有地区特色的农产品电子商务、推动新技术在农产品电子商务中的发展与运用及加强农产品电子商务体系建设中实施的相关政策措施进行归纳分析，总结我国农产品电子商务发展取得的成效和主要特征。

第三部分：农产品电子商务和网购食品质量安全影响因素分析。

通过研究农产品电子商务主要模式，剖析农产品电子商务涉及的不同主体、运营机制、影响因素和质量安全。研究中着重利用对 35 家开展农产品电子商务的京郊合作社的调研，分析农民合作社主导的电子商务发展状况和存在问题。利用 1790 份网络调查问卷，研究消费者网购食品选择行为。在研究中，从农产品电子商务、生鲜食品电子商务、网购农产品（食品）等不同方面进行影响因素分析，全面剖析促进和制约农产品电子商务和网购食品发展的因素及其发生的原因。

第四部分：生鲜电商配送成本优化和网购食品质量安全控制研究。

配送的高昂成本和高损耗率是生鲜电商企业发展的瓶颈。食品供应链主要环节发生的食品安全事件表明，运输过程发生的食品安全事件数量大于仓储环节。将冷链配送成本控制在较低的水平，才能使生鲜电商冷链配送物流持续健康发展，提升网购食品质量安全水平。在优化生鲜电商配送成本的同时，基于供应链全程控制理念，对 2009—2017 年发生的 387 个网购食品质量安全问题事件建立 SC-RC 判别与定位矩阵，并利用 Borda 序值法改进的风险矩阵法对关键控制点的重要性进行排序，定位网购食品质量安全的关键控制点，以采取针对性措施有效保证网购食品的质量安全。

第五部分：研究结论和政策建议。

对前述分析和研究进行总结，提出促进农产品电子商务发展和保障网购食品质量安全水平的政策建议。

第五节　技术路线、研究方法和创新说明

一、技术路线

基于上述研究目标和研究内容，本书的技术路线如图 1-6 所示。

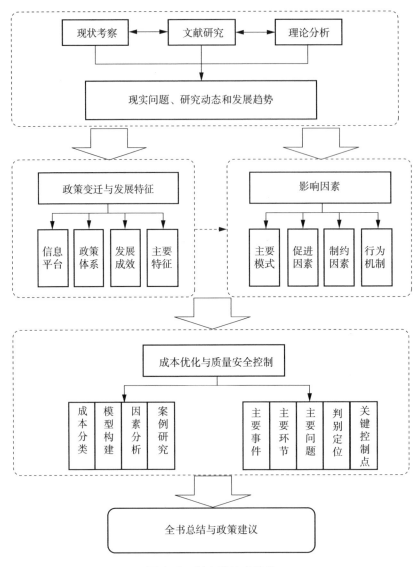

图 1-6　研究的技术路线

二、主要研究方法

1. 调查研究

本书采用问卷调查的方法对消费者网购食品选择行为进行深入分析，所用数据来源于 2018 年 4 至 6 月对网购食品消费者开展的网购食品相关问题的问卷调查。调查问卷以网上问卷为主，借助具有专业性的问卷星调研平台进行电子问卷设计实施调研。问卷整体包括三大部分内容：第一部分是网购食品消费者的基本信息；第二部分是网购食品消费者选择行为状况，主要调查消费者对待食品网购的态度、影响消费者网购食品的原因、网购食品类别和频率以及消费者在网购食品过程中遇到的安全问题等；第三部分是消费者对未来网购食品风险的看法，包括消费者对维权行为及维权效果的评价等。

此外，在研究中还通过北京市农村经济研究中心利用"京郊合作社农产品电子商务调查问卷"对农民专业合作社农产品电子商务、网络销售的发展情况进行调研。根据研究目标和研究内容，研究中还进行了大量的典型调研。

2. 文献计量法和可视化分析法

本书选用 CNKI 中国核心期刊数据库作为来源期刊进行数据的检索和选取，数据检索及下载的时间为 2019 年 7 月 11 日，检索主题为"农产品电子商务""农产品电商""农产品网购""食品网购""网购农产品""网购食品""生鲜电商"。通过主题检索共得到论文 875 篇，经剔除会议、通知、简介等非学术性文献资料，最终确定 804 篇有效文献，时间跨度为 2003 年 1 月1 日至 2019 年 7 月 11 日，运用文献计量法和可视化分析法对选取的文献进行统计分析。

文献计量目的在于运用数学和统计学的方法，研究文献情报的分布结构、数量关系、变化规律和定量管理。本书主要借助 SATI 文献题录信息统计工具对农产品电子商务和网购食品质量安全研究领域文献进行计量分析，通过文献计量可以明确该研究领域的时间分布、核心作者以及文献的机构和期刊来源。与文献计量相比，可视化分析重在通过绘制知识图谱的方式梳理某一研究领域的演进脉络、前沿热点以及发展趋势等，可以清晰明了该领域的知识基础和结构。所以，本书利用 CiteSpace 软件对农产品电子商务和网购食品质量安全研究领域的前沿热点和发展趋势进行可视化分析，并将结果以知识图谱的方式呈现出来，以直观展示我国该领域的研究动态及发展趋势。

3. 层次分析法和作业成本法

本书综合考虑不同运营模式和物流模式的特征，从时效性因素、竞争性因素、安全性因素、管理因素、标准化因素、其他因素六个方面对生鲜电商配送成本建立影响因素层次模型，应用专家打分法，构造判断矩阵。根据生

鲜电商配送成本各影响因素权重，计算各影响因素合成权重，得出生鲜电商
配送成本影响因素重要程度排序。

本书以作业成本法的基本理论模型和基础数学模型为基础，构建符合生
鲜电商企业运作模式的配送成本核算通用模型，并选用生鲜电商 M 企业的一
个配送站进行案例研究，实证分析生鲜电商配送成本控制优化的主要内容。

4. SC-RC 判别与定位矩阵和 Borda 序值法改进的风险矩阵法

本书利用政府部门数据库及新闻网站上曝光的网购食品质量安全问题事
件进行实证研究，共收集到网购食品质量安全事件 427 个，时间跨度为
2009—2017 年，剔除其中无法查明缘由的事件 40 个，将剩余的 387 个网购食
品质量安全事件作为研究样本。根据网购食品供应链和网购食品质量安全的
特殊性，建立一个能够同时判别事件发生的初始环节和问题产生的本质原因
的 SC-RC 判别与定位矩阵，对网购食品质量安全风险的关键控制点进行定
位。进一步采用 Borda 序值法改进风险矩阵法，以此来对网购食品质量安全关
键控制点进行分级，使得对本质原因的排序更为合理，有利于保证政策措施
的针对性。

三、创新说明

本书的研究特色和创新在于：

第一，在理论分析上，以供应链管理理论和信息不对称理论为基础，从
农产品电子商务政策变迁入手，详细阐述我国农产品电子商务和网购食品质
量安全问题，并针对传统的食品交易监管方式在网购食品监管中面临的新困
难，在辩证吸纳已有研究成果的基础上，对网购食品质量安全管理进行全面
系统的研究，具有一定的创新性。

第二，在实证研究上，借助文献计量法、可视化分析法、层次分析法、
作业成本法、SC-RC 判别与定位矩阵、Borda 序值法改进的风险矩阵法等方
法，从多角度对农产品电子商务和网购食品质量安全问题的研究动态与趋势、
成本控制与优化、主要问题与关键控制点等进行具体分析，在研究方法上具
有一定的创新性。

第三，在研究数据和资料的获取上，本书大量的研究数据和资料主要通
过问卷调研和实地调研取得，这些第一手的微观数据和资料使本书对农产品
电子商务和网购食品质量安全问题的研究具有一定的创新性。

第二章 我国农产品电子商务发展变迁

第一节 我国农产品电子商务的发展历程

农产品电子商务是指在农产品的商务贸易活动中，基于完善的商务规则，充分利用企业内部网、企业外部网、互联网以及专用网络和其他电子技术等现代信息技术应用方式，实现农产品商务活动目的的一切活动的总称。在农产品从收购、加工、运输、分销直至最终送达客户手中的整个过程中，农产品电子商务对农产品交易主体、交易环节、市场营销、物流配送等方面都影响深远。[①] 作为现代农产品流通中新兴的流通业态，农产品电子商务的发展对于提高中国农产品流通效率和提升农产品国际竞争力具有重要的理论探索和实际应用价值。

一、我国涉农信息服务平台建设情况

1995 年，原农业部制定了《农村经济信息体系建设"九五"计划和 2010 年规划》，并开始启动"金农工程"。1996 年，我国开通第一个农业信息网站"中国农业信息网"（agri. gov. cn），从此开始逐步加强我国农村和农业信息化建设。1998 年，中共中央下发的《关于农业和农村工作若干重大问题的决定》，科技部出台的《关于农业信息化科技工作的若干意见》，以及 1999 年科技部与原国家计委联合发布的《当前优先发展的高技术产业化重点领域指南（1999 年度）》，都把农业信息化工作作为重点内容。2001 年，国务院发布的《农业科技发展纲要（2001—2010）》和原农业部印发的《全国农业和农村经济发展第十个五年计划（2001—2005）》，提出大力发展农业信息技术，加快推进农村经济信息体系建设，加快建立农业综合信息网络。在一系列政策

---

① 张蕊，翁凯，罗先元 . 我国农产品电子商务发展研究 [J]. 企业科技与发展，2009（2）：14-16.

措施的推动下，2006—2010 年，我国涉农信息服务平台建设发展迅速，农业
信息化建设取得了显著成效（见表 2-1）。

表 2-1 我国涉农信息服务平台建设情况（2006—2010 年）

年份	涉农信息服务平台基本状况
2006	江西、湖北两省实现"乡乡通宽带"；涉农互联网站超过 6000 个。
2007	全国各类涉农互联网站已经超过 6000 个，为各地农村提供的形式多样的服务种类达到 7 万多种，各类农村信息平台注册农户达到 2700 多万户。
2008	"农信通""农民用工信息平台""信息田园"等农村综合信息服务平台进一步完善和扩大；20 个基层农村商务信息服务站试点县建设信息服务站点 1400 多个；涉农互联网站超过 1.5 万个。
2009	基本实现"一乡一个信息服务站，一村一个信息服务点，一乡一个互联网站，一村一个网上农副产品信息栏目"的目标，全国三分之一的乡镇建立了乡村信息服务体系。
2010	建成"农信通""信息田园""金农通"等全国性农村综合信息服务平台；乡镇信息服务站达 20229 个；行政村信息服务站达 117281 个；乡镇涉农信息库（网上）达 14137 个；涉农互联网站近 2 万个。

资料来源：根据商业部电子商务和信息化司、2008—2010 年《全国电信业统计公报》和 2006—
2008 年《全国通信业发展统计公报》相关资料整理。①

到 2011 年，我国农业网站数量达 31000 多家，其中政府建立的有 4000 多
家，已累计搭建 19 个省级、78 个地级和 346 个县级农业综合信息服务平台。
在互联网技术和农业信息化建设快速发展的推动下，2012 年我国生鲜农产品
电商市场出现"井喷式"增长，交易规模达 40.5 亿元，同比增长 285.7%，
被称为"生鲜电商元年"。我国生鲜农产品电商市场的爆发，也促进了农业信
息化建设（见表 2-2）。

表 2-2 我国涉农信息服务平台和农业信息化建设状况（2012—2017 年）

年份	我国涉农信息服务平台和农业信息化建设状况
2012	全国涉农网站总数已超过 4 万个，农业系统，部、省、地（市）、县均建立了网站。原农业部建成了国家农业综合门户系统，形成了集部内各司局、直属事业单位各各省区市农口部门网站的网站群，成为政务信息权威发布的第一渠道和"三农"信息服务的主要集散地。
2013	全国直播卫星"户户通"用户突破 900 万户，宁夏、甘肃、青海等省区基本实现全覆盖。涉农组织和企业主办的网站占到了 90% 以上，成为网站发展的主力军。已拥有 260 万实名注册用户，其中农民用户 186 万户。

① 张胜军，路征，邓翔 . 我国农产品电子商务平台建设的评价及建议 [J]. 农村经济，2011
（10）：103-106.

续表

年份	我国涉农信息服务平台和农业信息化建设状况
2014	我国涉农交易类电商有近 4000 家，未来生活、美味七七、京东、我买网、宅急送、阿里巴巴、收货宝、青年菜君先后获得大量 PE/VC 融资。
2015	农村网购市场规模达 3530 亿元，同比增长 96%。我国农产品期货交易品种达 21 个，交易额 48.7 万亿元，约占商品货期市场总量的 36%。
2016	阿里巴巴、京东、苏宁等行业巨头加快布局"农村电商"。阿里巴巴"千县万村计划"已覆盖约 500 个县 2.2 万个村，合伙人超过 2 万人。菜鸟物流由县到村当日送达服务范围已覆盖 40% 的县，次日送达服务已覆盖 99% 的县。京东在 1700 多个县建立了县级服务中心和京东帮扶店，培育了 30 万名乡村推广员，覆盖 44 万个行政村。苏宁在 1000 多个县建立了 1770 家直营店和超过一万家授权服务点。
2017	我国农村网络零售额首破万亿元大关，达到 12448.8 亿元，同比增长 39.1%。
2017	农村网店达到 985.6 万家，同比增长 20.7%，带动就业人数超过 2800 万人。而农村网店用户主要集中在农村淘宝、拼多多、云集、有赞、赶街网等平台，其中阿里巴巴的平台拥有超 100 万个农村网商，云集也在全国 31 个省份均有店铺。

资料来源：根据网络资料整理。

二、我国农产品电子商务的发展阶段

我国农产品电子商务的发展，可以把 1995 年 12 月 12 日郑州商品交易所创建"集诚现货网"作为一个开端，开始探索粮食在网上流动。1999 年全国棉花交易市场建立，开始了通过竞卖交易方式采购和抛售国家政策性棉花。此后，随着农业和农村信息化工作的推进，农产品电子商务不断得到发展，经历了从展示农产品信息为主的信息平台建设，过渡到销售易储存农产品，到目前开始发展包括生鲜农产品在内的综合农产品电子商务等不同阶段。

1. 农产品信息展示为主的信息平台建设阶段（1995—2008 年）

1995 年，郑州商品交易所创建了集诚现货网，免费向社会提供来自全国各大粮食批发市场的每日粮油交易价格信息，并对遍布全国的基本网免费提供网上信息接收设备，开始了电子商务方面的积极探索。1998 年，集诚现货网并入国际互联网，我国首家规范化的现货粮油网络交易正式运行，远在四面八方的交易商通过电脑，足不出户就可以完成交易。2000 年，集诚现货网更名为中华粮网，为全国各省、市、自治区粮食生产、经营企业和批发市场开辟网络交易平台，成为全国最大的 B2B 粮食门户网站。

2000 年前后，随着农业农村信息化不断推进，农产品信息平台开始涌现，这些平台多为政府主导，提供农产品价格、供需等市场信息，为农产品摆脱生产与市场脱节的困境做出了很大贡献。经过多年的努力，我国形成了农村科技与市场信息服务多平台、多服务共同发展的局面，智能化的农产品生产质量监管、农产品直销物流体系等也逐步建立。各级市、区县政府相关部门也开发了面向农业的信息系统平台，用以提升农业信息公共服务能力。这些网站和系统中，既有为管理者提供决策和咨询服务的，也有为生产者提供生产和市场服务的，还有为消费者提供农产品、旅游等资讯服务的。这些平台的主要功能以信息展示为主，缺乏线上交易系统和物流系统，用户完成交易必须经过线下的磋商、支付和物流。实践和相关研究表明，应用农产品信息平台有明显效果的多为农业组织，尽管农户个体在应用这种模式的现象也普遍存在，但是由于网络信息量巨大，导致农户个体的相关信息往往被忽视。

这一时期的农产品电子商务还属于广义农产品电子商务，是狭义农产品电子商务不可或缺的前期铺垫。由于这一相对漫长的以信息展示为主的阶段过渡，生产者信息化技能、管理意识得到充分发展，为农产品电子商务的发展奠定了必要的基础。这一阶段也有部分市场化的信息平台逐步向具有完整电子商务功能的平台转化，例如爱农驿站等。总的来看，这一时期我国农产品信息平台建设取得了不菲的成就（见表 2-3）。

表 2-3　面向农业的信息系统平台

信息平台	成立时间	管理部门	主要情况
中华粮网	1995 年	中国储备粮管理总公司	集粮食 B2B 交易服务、信息服务、价格发布、企业上网服务等功能于一体的粮食行业综合性专业门户网站。成立至今，本着"为深化粮食流通体制改革服务，为粮食企业生产经营服务，为粮食流通市场化国际化服务"的宗旨，不断增强技术实力、扩充服务范围，实现了粮食信息传播和交易的电子化，大大降低了交易成本、提高了企业运营效率。为保证信息数量、质量和权威性，建立了既具规模又注重布局与科学管理的专业信息采集网络，成员遍及全国 20 多个省、市、自治区和直辖市。目前，中华粮网拥有各类信息栏目 200 余个，网站每日发布的文字信息、价格信息、供求信息等 1000 余条，其中文字信息日平均达 20 万字。网站点击率平均每天 140 万次，最高日点击率 200 万次。

信息平台	成立时间	管理部门	主要情况
中国农业信息网	1996年	中华人民共和国原农业部	中国农业信息网始终坚持"两个服务"的发展主线，充分发挥各方面优势，以业务系统信息为支撑，逐步拓展"一站式"服务，国内外影响日益扩大。电子政务建设从权威及时的信息发布开始起步，原农业部业务规范、办事指南上网公开，行政审批项目办理状态和结果实现网上查询。"一站通"农村供求信息全国联播系统覆盖31个省（区、市）93%的县，全国农产品批发市场价格信息网覆盖325个市场，每日采集、发布390个农产品品种价格和行情动态。集20多个专业/行业网站和各省（区、市）农业网站为一体的农业系统网站群已具规模。
盛世金农网	1997年	辽宁省农委信息中心	盛世金农以农产品为核心整合生产、市场两大领域。关注整个农产品生产过程，真正实现农产品的预发布。面向所有农民和农业经营团体，大大增加了农产品交易的机会。盛世金农网按其信息内容划分为产品展示、在线咨询、市场分析、三农述评、农业百科、资讯中心6大栏目，100多个频道内容。
中国蔬菜网	1999年	浙江瞬时达网络有限公司	为广大菜农提供最新蔬菜信息服务，一般的蔬菜网站都为客户提供蔬菜供求信息的发布平台、蔬菜价格行情查询、蔬菜种植技术资料、蔬菜消费与健康等栏目，是综合性的蔬菜门户型互联网整合应用平台。
三农直通车	2003年	国家科技部广东省委省政府	作为"农村信息直通车工程"的官方网站和"国家农村农业信息化示范省"的广东网络平台，业已打造出一个以三农资讯、科技、财经等公共信息服务为主体，以30列专业信息直通车、1000多列地方和村级商务信息直通车为两翼的"一体两翼"格局的涉农综合网站集群。已建成涉农公共信息网站集群、专业信息资源库群、聚合各地特色农业产业的地方商务信息资源库群。
爱农驿站	2005年	北京市政府助农惠民项目	爱农驿站工程是北京市科委于2005年底启动的旨在推进京郊农业信息化进程，填补城乡数字鸿沟，从根本上改变京郊农村社会生活的状况、方式与观念的重大科技项目。2006年3月，爱农信息驿站项目被列入"2006年北京市社会主义新农村建设折子工程"。2008年，公司推出了京郊游、采摘及有机农产品宅配服务；2010年，爱农驿站开始进入全面拓展时代，其核心是构建基于线下便利网点、线上互联网支付及移动电话支付三位一体的便捷电子支付网络。
新农村商网	2006年	中华人民共和国商务部	新农村商网通过公共信息服务的方式，为农民实时发布有关政策和农村商品供求信息，提供咨询和供求信息网上对接服务。对接服务的重点是大宗的、需要远距离特别是需要跨省销售的农产品。通过举办网上农产品购销对接会、特色农产品网上对接专场、应急性对接专场和常态化的购销对接服务等多种形式，为全国1400个县的各类农产品提供了及时有效的对接服务。

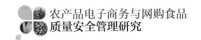

续表

信息平台	成立时间	管理部门	主要情况
中国农民专业合作社网	2007 年	原农业部农村经济体制与经营管理司	紧紧围绕"面向农民、服务农业，推动农民专业合作社建设与发展"办网宗旨，提供有关中国农民合作社的权威政策法规信息，报道各地合作社的工作动态及重要新闻，展示各地合作社的发展成果，宣传先进合作社发展的经验，目标是把中国农民专业合作社网建设成为我国农民专业合作社面向市场、走向世界的桥梁，成为各方面了解、支持农民专业合作社的窗口。

2. 耐储型农产品电子商务阶段（2009—2011 年）

这个阶段一般认为从 2009 年至 2011 年。2009 年前后，受制于供应链和物流的发展状况，农产品电子商务交易品类以耐储存农产品为主，这一阶段出现了大量耐储存农产品电子商务平台，如我买网和 1 号店。这些网站以网上超市的定位开始发展，以销售耐储存农产品为农产品电商突破口，经营的农产品主要包括粮油、米面、禽蛋、茶叶、海鲜干制品、菌类干制品、干果、耐储型蔬菜（如马铃薯、冬瓜等）、耐储型水果（如柑橘、柚子等）和加工的畜产品（如火腿、腊肉、肉干、奶制品等）。2009 年 8 月，我买网正式上线，其主要目标是作为配合中粮全产业链战略的销售平台而存在，此时的我买网主要以销售中粮自有品牌的粮油、奶制品、果汁饮料、茶叶、调味品、干货等为主，耐储型农产品电子商务的特征明显。

这个阶段的农产品电子商务因其主要经营耐储藏、损耗小、易运输的农产品，质量安全风险相对较小，对储藏运输条件要求不高，储藏运输成本也较低。而且，农产品线上交易还处于起步时期，交易额不高，2010 年的农产品电子商务交易额只有 37 亿元。但是，由于这一阶段国内食品安全事件不断发生，人们对高品质、安全食品的需求持续增加，生鲜农产品电商在这一阶段开始萌芽，菜管家、莆田网、天天果园、沱沱工社、淘宝生鲜等电商先后上线。同时，大量传统企业和资金涌入，网民数量和物流快递行业迅速增长。然而，受制于生鲜农产品的特性，布局生鲜农产品的电商企业的市场渗透率、物流成本、流通损耗率等极不乐观，有数据显示获得盈利的电商企业只有 1%。

3. 生鲜农产品电子商务阶段（2012 年至今）

2012 年，随着技术的逐渐成熟和消费者购买力的增强，生鲜农产品电子商务市场也逐渐活跃了起来。2012年5月，顺丰速运的电子商务食品商城"顺丰优选"上线，定位中高端食品B2C，在线上销售进口食品和蔬菜瓜果，包括了肉类海鲜、新鲜果蔬、速食冷藏、酒水饮料、粮油干货等九大类产品，70%的食品来自进口，生鲜业务占到三分之一。2012年5月，北京市农村经济研究中心建成封闭式电子商务平台，实现了农研职工消费合作社与延庆区康庄镇北菜园农产品产销合作社农产品在线直销直购，形成"社社对接"安全农产品流通模式。2012年6月，淘宝生态农业频道上线；7月，京东商城正式推出生鲜食品频道；一众媒体人发起的买手制生鲜电子商务"本来生活网"上线，主打原产地直供的生鲜食品。这一阶段的初期，生鲜农产品电子商务虽然一直是市场的热点，平台、超市和农业基地纷纷涌入，但大都运行艰难，倒闭率高。

随着国家政策对于农业电子商务的支持更明确化，2013年，越来越多的商家加入生鲜电商领域，市场拓展竞争变得尤为激烈。2013年4月，1号店生鲜业务上线，随后8月上线的"1号生鲜"全程冷链配送能实现北京24小时内全市送达，49小时内送达市郊。5月，天猫生鲜农产品预售频道"时令最新鲜"上线。6月初，亚马逊中国推出海鲜频道"鲜码头"，随后中粮我买网等也上线生鲜频道。7月底，苏宁易购正式上线"阳澄湖大闸蟹"，并支持全国下单配送。9月，东方航空公司的农产品网上商城"东航产地直达网"上线，主营原产地直供生鲜。2013年11月，北京新发地农产品批发市场正式入驻京东商城。

在政策、资本、市场需求等多方因素的推动下，生鲜电商零售额快速增长。根据艾瑞咨询的统计数据，生鲜电商规模从2012年的35.6亿元，增长到2015年的497.1亿元，2018年增长到2365.8亿元，年复合增长率达到101%（见表2-4）。由于生鲜电商产品的冷链运输比例远高于初级农产品整体平均水平，生鲜电商的发展促进了冷链物流市场的发展，带动了总体冷链率上升。因此，生鲜电商最核心的物流问题在发展中逐步得到解决。

表 2-4　2012—2018 年生鲜电商市场交易规模及增长率

年份	生鲜电商市场交易规模总额（亿元）	生鲜电商市场总额增长率（%）
2012	35.6	
2013	126.7	256
2014	274.9	117
2015	497.1	81
2016	904.6	82
2017	1537.8	70
2018	2365.8	54

2018 年 7 月，京东物流与中铁快运联合宣布"高铁生鲜递"项目正式上线，借助高铁的优势为生鲜寄递提供更丰富、更高效、更稳定的支持，以有效破解生鲜农产品运输难题，拓展生态农业全产业链发展。目前，京东已在全国 500 个城市建成网点，京东物流的生鲜冷链配送已覆盖全国 300 多个城市，在全国多个核心城市拥有全温层冷库，当日送达和次日送达可普及全国 300 个城市。同样，其他电商巨头也在不断深化布局。2018 年 5 月，顺丰速运与中铁快运携手的"高铁极速达"业务再次拓宽覆盖面，在全国 14 个城市的高铁站开办"高铁极速达"，快件递送业务可通达 40 多个城市。苏宁易购则加速大快消布局，2018 年在南京地区扩大规模，开办 200 家苏宁小店、20家苏鲜生商圈店以及 10 家苏鲜生社区店。可以说，在各大电商的推动下，生鲜电商进入了高质量发展期。同时，伴随着消费升级趋势，消费者对于品质的关注日益提升，2017 年中国生鲜电商市场复购率已经达到 91%。高复购率以及对品质和服务的高要求，也表明生鲜电商已进入了品质消费时代。

第二节　我国农产品电子商务政策体系

农产品电子商务作为一种新型的农产品流通方式，近年来在我国快速发展，在提高农产品流通效率、降低农产品流通成本等方面起到了十分积极的作用。然而，由于农产品电子商务涉及农业生产、加工、物流、营销及网站建设等多个方面，导致其经营难度较大，政府扶持与监管困难。为了更好地推动我国农产品电子商务的发展，国务院及各部委制定了一系列政策。

2005 年之前，政策更多是围绕大力发展农业信息化，2005 年农产品电子商务开始在政策性文件中被提到。此后，我国电子商务开始了规范、快速地发展，2011 年起，与农产品电子商务相关的政策开始密集出台，并且逐步深入、细分，更具有可操作性；2013 年，相关政策更加明朗化。

一、早期政策

2005 年前，我国涉及电子商务的相关政策比较少，关于农产品电子商务的政策更少。这个阶段的政策，主要围绕食品流通网络建设、新型业态和流通方式培育。

1. 食品流通网络政策

1997 年，为了利用电子联网技术规范食品、副食品商业企业统计、信息工作，推动信息产业的发展，原国内贸易部（后并入国家经贸委）发布《全国食品流通电子网络管理试行办法》（内贸商统办字〔1997〕第 5 号），建立全国食品流通电子网。全国食品流通电子网由全国重点食品、副食品批发、零售企业以及食品类批发市场和重点食品、副食品生产、加工企业组成，第一批成员包括全国各省（自治区、直辖市）146 家食品企业。电子网的主要功能是为用户及时提供国家及有关部门对食品、副食品生产、经营和进出口的政策、法规，维护市场的正当秩序，减少食品、副食品生产经营的盲目性；通过电子计算机联网，实现产销见面、互通信息以及直接交易，堵住假冒伪劣产品的生产和流通；为政府监控市场、稳定食品、副食品供应提供信息服务。

电子网提供的信息内容中包含国家和各部委有关食品、副食品生产、市场的政策法规和行业发展介绍；全国各地粮油、肉、蛋、菜及加工食品、副食品的市场行情和价格动态；全国 100 多家重点批发、零售食品、副食品商业企业的销售统计月报和市场分析；全国各省级商贸主管部门的肉、蛋、糖副食品价格月报表及价格分析；全国大中城市主要牌号名酒、名烟价格月报及分析。并且，电子网为网员提供登录本单位商品供求信息和商情；建立电子信箱，开展电子邮件服务；建立网员企业和产品的电子档案，为网员和客户提供查询等中介服务；开展代理购销、代理结算等电子商务服务等。

2. 电子商务发展政策

2005 年中央一号文件《关于进一步加强农村工作提高农业综合生产能力

若干政策的意见》中，首次提到鼓励发展农产品电子商务这一新型业态和流通方式，文件中提出"在继续搞好集贸市场和批发市场建设的同时，注重发挥期货市场的引导作用，鼓励发展现代物流、连锁经营、电子商务等新型业态和流通方式。改造现有农产品批发市场，发展经纪人代理、农产品拍卖、网上交易等方式，增强交易功能。加快建设以冷藏和低温仓储运输为主的农产品冷链系统，对农产品仓储设施建设用地按工业用地对待"。这个一号文件首次提到农产品电子商务，将农产品电子商务定位于一种新型业态和流通方式，此时农产品电子商务的具体形式和内容还不清晰，政策导向在于电子商务促进农产品流通环节，降低交易费用，作为加快农产品流通建设的重要内容。

2005 年 1 月下发的《国务院办公厅关于加快电子商务发展的若干意见》（国办发〔2005〕2 号），是我国电子商务领域的第一个政策性文件。该文件的颁布改变了我国长期以来缺乏对电子商务发展明确指引的状况，在我国电子商务发展的历史上具有重要的意义。该文件提出的政府推动与企业主导相结合、营造环境与推广应用相结合、网络经济与实体经济相结合、重点推进与协调发展相结合、加快发展与加强管理相结合的"五结合"原则，为推进企业信息化建设，推广电子商务应用，加速国民经济和社会信息化进程，走中国特色的电子商务发展道路指明了方向。

二、"十一五"时期政策（2006—2010 年）

2006 年，中央一号文件尽管没有直接关注农产品电子商务，但是强调要积极推进农业信息化建设，充分利用和整合涉农信息资源，强化面向农村的广播电视电信等信息服务，重点抓好"金农"工程和农业综合信息服务平台建设工程。2007—2010 年的中央一号文件都从不同方面强调了农业和农村信息化（见表 2-5）。尤其是 2010 年的中央一号文件不仅提出要"大力发展物流配送、连锁超市、电子商务等现代流通方式"，并且在健全农产品市场体系方面，强调"完善鲜活农产品冷链物流体系，支持大型涉农企业投资建设农产品物流设施"，为这一时期我国农业信息化和农产品电子商务发展提供了政策保障。

表 2-5 2007—2010 年我国一号文件关于农业信息化和电子商务的主要内容

时间	文件名称	主要内容
2007	关于积极发展现代农业，扎实推进社会主义新农村建设的若干意见	健全农业信息收集和发布制度，整合涉农信息资源，推动农业信息数据收集整理规范化、标准化。加强信息服务平台建设，深入实施"金农"工程，建立国家、省、市、县四级农业信息网络互联中心。加快建设一批标准统一、实用性强的公用农业数据库。加强农村一体化的信息基础设施建设，创新服务模式，启动农村信息化示范工程。大力发展农村连锁经营、电子商务等现代流通方式。
2008	关于切实加强农业基础设施建设，进一步促进农业发展、农民增收的若干意见	继续扶持一批大型农产品批发市场和流通企业，重点支持农产品冷链、质量安全可追溯两大系统和检验检测、结算、信息、监控、废弃物处理五大中心建设。完善新农村商网的"信息发布""咨询互动""交易对接"三大功能。培训提高农民专业合作组织成员、流通经纪人和农户骨干等应用信息技术的能力，引导农民主动应用互联网促进农产品销售，探索解决农村"最后一公里"的商务信息传递有效途径。
2009	关于 2009 年促进农业稳定发展、农民持续增收的若干意见	推进大型粮食物流节点、农产品冷链系统和生鲜农产品配送中心建设。发展农村信息化。
2010	关于加快水利改革发展的决定	大力发展物流配送、连锁超市、电子商务等现代流通方式。完善鲜活农产品冷链物流体系，支持大型涉农企业投资建设农产品物流设施。推进农村信息化，积极支持农村电信和互联网基础设施建设，健全农村综合信息服务体系。

2008 年 12 月，国务院办公厅《关于搞活流通扩大消费的意见》（国办发〔2008〕134 号）提出推进"万村千乡"网络与供销、邮政、电信等网络的结合，提高农家店的综合服务功能；健全农业市场信息服务体系，强化信息引导和产销衔接，完善农产品运输绿色通道政策，降低农产品流通成本和损耗，着力解决农产品"卖难"问题，促进农民增收；鼓励流通企业发展连锁经营和电子商务等现代流通方式，形成统一规范管理、批量集中采购和及时快速配货的经营优势，降低企业经营成本和销售价格，让利于消费者，促进居民消费。[①] 电子商务的发展离不开物流业的发展，2009 年国务院颁布的《物流业调整和振兴规划》（国发〔2009〕8 号），不仅确定了多式联运和转运设施工程、物流园区工程、城市配送工程、大宗商品和农村物流工程、物流标准和技术推广工程、物流公共信息平台工程、物流科技攻关工程、应急物流工

---

① 国务院办公厅关于搞活流通扩大消费的意见 [EB/OL]. http：//www.gov.cn/zwgk/2008-12/31/content_ 1192763.htm.

程等九大重点工程，而且提出"合理布局城乡商业设施，完善流通网络，积极发展连锁经营、物流配送和电子商务等现代流通方式，促进流通企业的现代化"，"鼓励企业应用现代物流管理技术，适应电子商务和连锁经营发展的需要，在大中城市发展面向流通企业和消费者的社会化共同配送，促进流通的现代化，扩大居民消费"①，对促进我国电子商务发展产生深远影响。

"十一五"时期，在党中央、国务院扩大内需、拉动经济增长的战略部署下，加快流通领域电子商务发展，既可以扩大网上消费群体，培育新型消费模式和消费领域，又有助于降低流通成本，加快商品和服务价值的最终实现。2009年11月，商务部公布《关于加快流通领域电子商务发展的意见》（商贸发〔2009〕540号），对进一步加快流通领域电子商务发展提出11条意见（见表2-6），并明确了到"十二五"期末，力争网络购物交易额占我国社会消费品零售总额的比重提高到5%以上的主要发展目标。②

表2-6　商务部进一步加快流通领域电子商务发展11条意见

发展意见	主要内容
一、充分认识加快流通领域电子商务发展的重要意义	加快流通领域电子商务发展是当前我国应对金融危机、扩大居民消费、保持经济增长动力的有效手段，是提高商品流通效率、转变经济发展方式的必然要求。
二、明确加快流通领域电子商务发展的主要目标	以市场为导向，以企业为主体，以信息化带动流通现代化为主要手段，加快流通领域电子商务应用推广进程。
三、推动传统流通企业开拓网上市场	鼓励大型流通企业整合资源，建设一体化的电子商务平台，提高规模经济效益和综合竞争实力。扶持中小流通企业通过第三方技术服务平台进行网上销售相关技术改造与管理升级。
四、促进商品批发环节应用，推广网上交易	鼓励流通企业应用电子商务进行商品批发交易，提高流通效率，扩大中间需求，带动最终需求。
五、加快发展面向消费者的专业网络购物企业	培育一批知名度高、实力强、运作规范的专业网络购物企业，建设交易商品丰富、服务内容多样的新型商业网站，大力发展适宜网上交易的商品销售，深度挖掘各类网民群体的消费需求潜力。

---

① 国务院关于印发物流业调整和振兴规划的通知 [EB/OL]. http://www.gov.cn/zwgk/2009-03/13/content_1259194.htm.

② 商务部公布关于加快流通领域电子商务发展的意见 [EB/OL]. http://www.gov.cn/gzdt/2009-12/07/content_1481486.htm.

续表

发展意见	主要内容
六、推动实体市场交易与网上市场交易有机结合	不断探索"线上市场"与"线下市场"互动促销的经营方式。
七、完善流通领域电子商务发展扶持政策	健全流通领域电子商务政策促进体系,推动各级商务主管部门出台配套政策措施,进一步完善扶持内容,加大扶持力度。
八、开展流通领域电子商务示范引导工作	推广先进地区流通领域电子商务发展的先进经验,研究推广成熟运作模式和优秀解决方案,带动流通企业特别是中小企业围绕电子商务提高管理水平、规范经营行为。
九、健全流通领域电子商务发展环境	保护市场活力和规范交易行为并重。引导流通领域电子商务企业建立健全信用管理制度,提高服务诚信度,增强消费者信心。
十、有效防范网上交易市场风险	针对现代信息技术与传统流通方式相结合的新特点、新问题,有效维护网上交易市场秩序,防范和化解互联网虚拟性带来的各类交易风险。
十一、建立流通领域电子商务促进工作体系	地方各级商务主管部门要建立加快流通领域电子商务发展的组织保障体系和工作机制。

三、"十二五"时期政策 (2011—2015年)

历经"十一五"时期的发展,至2010年,我国电子商务交易额达4.5万亿元,同比增长18%;网络零售额达到5231亿元,同比增长109%,相当于社会消费品零售总额的3.3%;应用网上交易和网络营销的中小企业比例达到42.1%;电子商务信息、交易和技术服务企业达到2.5万家,第三方支付额达到1.01万亿元人民币,社会物流总额达到125.4万亿元人民币,全国规模以上快递服务企业业务量达23.4亿件,有效电子签名认证证书持有量超过1530万张。这充分表明,电子商务已经成为现代流通方式的重要组成部分,在增强国民经济发展活力、提高社会资源配置效率、促进中小企业发展、带动创新就业等方面发挥着日益重要的作用。

2011年10月,在2011中国(北京)电子商务大会暨电子商务博览会开幕大会上,商务部发布了《"十二五"电子商务发展指导意见》(商电发〔2011〕第375号),该指导意见以促进电子商务健康快速发展为宗旨,以应用电子商务推动现代商贸流通体系建设为出发点,完善发展环境,提高应用水平,加快产业带动,加强示范引导。该指导认为电子商务的应用在地区、城乡和企业间发展还不平衡,农村、中小企业和传统流通企业电子商务应用亟待扶持引导,并提出利用电子商务服务农业、农村和农民,要求继续在全国推广农村商务信息服务试点,拓展农村商务信息服务平台功能,实现信息服务、交易撮合、在线支付、物流配送全流程服务;丰富充实新农村商网服务内容,拓展服务渠道,加强网上购销对接,提高信息服务成效;支持涉农电子商务平台与农村专业合作组织、产业化龙头企业开展合作,建设双向互动的综合信息服务平台;推动涉农电子商务平台与农业产业化基地、农产品营销大户、大型超市、农产品批发市场、加工企业、大型餐饮连锁企业及中高档酒店对接,促进大宗农产品网上交易;探索农村商务信息服务的新途径、新模式,加大对农村电子商务应用的支持力度。该指导意见提出了"十二五"电子商务发展九大重点工程(见表2-7)。[①]

表2-7 "十二五"电子商务发展九大重点工程

重点工程	主要内容
电子商务示范工程	创建电子商务示范城市和示范基地。做好电子商务示范企业推广和电子商务产业基地建设工作。
中小城市和中西部地区电子商务促进工程	支持鼓励中小城市和中西部地区加强网络、物流等基础设施建设,加强电子商务宣传,促进电子商务应用,开展电子商务人才培养。
传统流通企业电子商务应用工程	支持鼓励、引导传统商贸流通企业通过自建、合资、合作等方式开展网络零售,探索应用新模式、放大示范效应。
农村流通体系促进工程	选取农村电子商务应用水平较高的省(自治区、直辖市)和重点企业开展农村流通电子商务应用示范工程。
电子商务信用体系建设工程	按照商务信用体系建设总体要求,选取电子商务交易与服务主体,在电子商务领域探索信用建设的有效模式,形成信用建设良好氛围和可持续保障机制。
肉类蔬菜、酒类流通追溯体系建设工程	结合肉菜、酒类流通追溯体系建设试点,选择信息化应用水平较高的试点城市和企业应用物联网、云计算等信息技术改造交易流程、创新交易模式,强化流通追溯体系实效。
城市社区便利店电子商务促进工程	支持有实力的大型商贸流通企业在城市社区设立综合性便利店,推动社区便利店信息化、标准化、连锁化和品牌化建设,运用电子商务与现代物流结合的发展模式,降低流通成本,提高流通效率,增强便利店的竞争能力。

---

① 商务部"十二五"电子商务发展指导意见[EB/OL]. https://baike.baidu.com/item/.

续表

重点工程	主要内容
电子商务人力资源发展工程	支持电子商务人才培训与研究基地建设,满足电子商务对专业人才的需求。
国际电子商务交流合作工程	建立跨境合作区电子商务服务平台,推动区域合作领域电子商务交流,探索境外电子商务服务企业利用我国电子商务平台服务其本国企业的有效途径。

随后,原农业部于 2011 年 11 月印发了《全国农业农村信息化发展"十二五"规划》(以下简称《规划》)。《规划》认为,经过"十一五"建设,我国覆盖部、省、地市、县的农业网站群基本建成,各级农业部门初步搭建了面向农民需求的农业信息服务平台,为农民提供科技、市场、政策等各类信息。据统计,我国农业网站数量达 31000 多家,其中政府建立的有 4000 多家。原农业部相继建设了农业政策法规、农村经济统计、农业科技与人才、农产品价格等 60 多个行业数据库。我国"县有信息服务机构、乡有信息站、村有信息点"的格局基本形成。全国 100% 的省级农业部门设立了开展信息化工作的职能机构,97% 的地市级农业部门、80% 以上的县级农业部门设有信息化管理和服务机构,70% 以上的乡镇成立了信息服务站,乡村信息服务站点逾 100 万个,农村信息员超过 70 万人。

该《规划》以保障农产品有效供给、农产品质量安全、农民增收为目标,以全面推进农业生产经营信息化为主攻方向,以农业农村信息化重大示范工程建设为抓手,完善农业农村信息服务体系,探索农业农村信息化可持续发展的运行机制,着力强化政策、科技、人才、体制对农业农村信息化发展的支撑作用,不断提高信息化服务"三农"的水平。《规划》把大力发展农业电子商务作为助力农业产业化经营跨越式发展的重要内容,提出建设农业电子商务平台,提供生产、流通、交易、竞价、网上超市等服务;鼓励基础电信运营商、电信增值业务服务商、内容服务提供商和金融服务机构相互协作,建设移动农业电子商务服务平台;制定农业电子商务相关法律法规,加快制定农产品标准规范,加强交易双方的信用管理,积极发展以电子商务为导向的配送物流,完善农业电子商务体系。在《规划》提出的行业重点与区域布局中,农产品电子商务是大力推进、重点发展的主要内容。

从 2011 年起,各个方面关于农产品电子商务的政策开始多起来,政策也从原则性语句，向细化、深入、综合、可操作发展。这不仅出现在当年一号文件中，国务院及各部委也都根据一号文件，从不同角度发布了农产品电子商务扶持政策，政策也逐步落实到各个部门（见表2-8）。随着农产品电子商务的逐步发展，原来分条块的信息化政策、物流体系政策、农产品安全政策、农业农村电子商务政策等，也因电子商务将这些方面进行有机结合而难分彼此。因此，从2013年开始，直接针对农产品电子商务的政策密集出台，表现出综合深入、可操作性强等特征。

表2-8 "十二五"时期各部委主要农产品电子商务信息化政策

政策	发布部门	时间	主要内容
关于开展国家电子商务示范城市创建工作的指导意见	国家发展改革委、商务部、人民银行、国家税务总局、原国家工商总局	2011年	鼓励开展电子商务交易主体、交易客体及交易行为等方面的标准规范试用与推广，探索建立电子凭证应用的基础与环境。研究制定各类优惠政策，鼓励中小企业、农民专业合作组织、农村居民和残障人士的电子商务应用，扶持电子商务服务企业发展，改善电子商务支撑环境和基础设施条件。
关于加快推进农业科技创新、持续增强农产品供给保障能力的若干意见	中共中央、国务院	2012年2月	充分利用现代信息技术手段，发展农产品电子商务等现代交易方式。探索建立生产与消费有效衔接、灵活多样的农产品产销模式，减少流通环节，降低流通成本。大力发展订单农业，推进生产者与批发市场、农贸市场、超市、宾馆饭店、学校和企业食堂等直接对接，支持生产基地、农民专业合作社在城市社区增加直供直销网点，形成稳定的农产品供求关系。扶持供销合作社、农民专业合作社等发展联通城乡市场的双向流通网络。
2012年电子商务工作要点	商务部	2012年4月	加大对农村电子商务工作的支持力度。农村商务信息服务试点省要继续加强网上购销对接力度，不断提高农村商务信息服务质量与水平。
关于组织开展国家电子商务示范城市电子商务试点专项的通知	国家发展改革委办公厅	2012年5月	支持电子商务服务企业，建立集交易、在线支付、物流配送、过程追溯于一体的电子商务服务平台，促进农业生产企业、流通企业、农户、消费者的有效对接，提升农业电子商务水平。
关于推进农村经营管理信息化建设的意见	原农业部	2012年5月	要重视信息开发应用，积极开发农产品产销信息资源，鼓励和支持农民专业合作组织、农业产业化龙头企业发展电子商务，推进农业生产经营信息化。

续表

政策	发布部门	时间	主要内容
关于进一步促进电子商务健康快速发展有关工作的通知	发改委、财政部等13部门	2013年4月	重点提出促进农业电子商务发展。原农业部负责研究制定农产品分类定级等标准规范，与相关部门共同研究探索推进以农业产业化龙头企业、农民专业合作社、家庭农场等新型农业经营主体为纽带的农产品质量安全追溯体系、诚信体系建设，加强农业电子商务模式研究，规范农业生产经营信息采集，推动供需双方网络化协作，完善农业电子商务体系，推进农业领域电子商务应用并开展相关试点工作。
关于全面深化农村改革、加快推进农业现代化的若干意见	中共中央、国务院	2014年1月	加快发展主产区大宗农产品现代化仓储物流设施，完善鲜活农产品冷链物流体系。支持产地小型农产品收集市场、集配中心建设。完善农村物流服务体系，推进农产品现代流通综合示范区创建，加快邮政系统服务"三农"综合平台建设。启动农村流通设施和农产品批发市场信息化提升工程，加强农产品电子商务平台建设。
关于加大改革创新力度、加快农业现代化建设的若干意见	中共中央、国务院	2015年	完善全国农产品流通骨干网络，加大重要农产品仓储物流设施建设力度。支持电商、物流、商贸、金融等企业参与涉农电子商务平台建设。开展电子商务进农村综合示范。
关于加快发展农村电子商务的意见	商务部等19部门	2015年8月	以农产品、农村制品等为重点，通过加强对互联网和大数据的应用，提升商品质量和服务水平，培育农村产品品牌，提高商品化率和电子商务交易比例，带动农民增收。鼓励有条件的农产品批发和零售市场进行网上分销，构建与实体市场互为支撑的电子商务平台，对标准化程度较高的农产品探索开展网上批发交易。鼓励新型农业经营主体与城市邮政局所、快递网点和社区直接对接，开展生鲜农产品"基地+社区直供"电子商务业务。从大型生产基地和批发商等团体用户入手，发挥互联网和移动终端的优势，在农产品主产区和主销区之间探索形成线上线下高效衔接的农产品交易模式。

2013年，中央一号文件提出大力培育现代流通方式和新型流通业态，发展农产品网上交易、连锁分销和农民网店，健全农产品质量安全和食品安全追溯体系。2014年，中央一号文件首次提出"加强农产品电子商务平台建设"，进一步推进了涉农电子商务的高速发展。2014年，我国农产品电商平台已逾3000家，农产品网上交易量增长快速。以阿里巴巴平台为例，农产品销售额从2010年37亿元迅速发展到2012年的198亿元，2013年则超过400亿

元，年均增长超过 200%。

2013 年 8 月，国务院先后发布《关于促进信息消费扩大内需的若干意见》（国发〔2013〕32 号）（以下简称《意见》）和《"宽带中国"战略及实施方案的通知》（国发〔2013〕31 号）（以下简称《通知》）。《意见》认为我国市场规模庞大，正处于居民消费升级和信息化、工业化、城镇化、农业现代化加快融合发展的阶段，信息消费具有良好发展基础和巨大发展潜力；要求到 2015 年，农村家庭宽带接入能力达到 4Mbps，行政村通宽带比例达到 95%；要求培育信息消费需求，拓宽电子商务发展空间；完善智能物流基础设施，支持农村、社区、学校的物流快递配送点建设；拓展移动电子商务应用，积极培育城市社区、农产品电子商务。[①]《通知》则预计到 2015 年，固定宽带用户超过 2.7 亿户，城市和农村家庭固定宽带普及率分别达到 65% 和 30%。3G/LTE 用户超过 4.5 亿户，用户普及率达到 32.5%。[②]

2013 年 10 月，商务部发布《促进电子商务应用的实施意见》（商电函〔2013〕911 号）（以下简称《意见》），提出到 2015 年使电子商务成为重要的社会商品和服务流通方式，网络零售额相当于社会消费品零售总额的 10% 以上，我国规模以上企业应用电子商务比例达 80% 以上。商务部还出台十大扶持新举措，其中包括加强农村和农产品电子商务应用体系建设、支持城市社区电子商务应用体系建设、鼓励特色领域和大宗商品现货市场电子交易等。对于一直以来存在"卖难"的农产品，《意见》提到将加强农村和农产品电子商务应用体系建设；结合农村和农产品现代流通体系建设，在农村地区和农产品流通领域推广电子商务应用；加强农村地区电子商务普及培训；引导社会性资金和电子商务平台企业加大在农产品电子商务中的投入；支持农产品电子商务平台建设；探索农产品网上交易，培育农产品电子商务龙头企业；融合涉农电子商务企业、农产品批发市场等线下资源，拓展农产品网上销售渠道；鼓励传统农产品批发市场开展包括电子商务在内的多形式电子交易；探索和鼓励发展农产品网络拍卖；鼓励电子商务企业与传统农产品批发、零售企业对接，引导电子商务平台及时发布农产品信息，促进产销衔接；推动

---

① 国办公布《国务院关于促进信息消费扩大内需的若干意见》 ［EB/OL］. http：// finance. people. com. cn/n/2013/0814/c1004-22557801. html.

② 国务院关于印发"宽带中国"战略及实施方案的通知［EB/OL］. http：//www. gov. cn/zwgk/ 2013-08/17/content_ 2468348. htm.

涉农电子商务企业开展农产品品牌化、标准化经营。① 总体来看，该实施意见从多个方面对农产品电子商务发展给予政策支持，将大力促进农产品电子商务发展，成为这阶段农产品电商领域重要政策文件之一。

四、"十三五"时期政策（2016 年至今）

2016 年，中央一号文件《关于落实发展新理念加快农业现代化实现全面小康目标的若干意见》中，对农业农村电子商务发展及物流体系建设做了比以往更详细的部署。2017 年，中央一号文件《关于深入推进农业供给侧结构性改革，加快培育农业农村发展新动能的若干意见》中，以"推进农村电商发展"为标题，作为独立一部分内容突出强调。2018 年，中央一号文件《关于实施乡村振兴战略的意见》中，进一步表述为"鼓励支持各类市场主体创新发展基于互联网的新型农业产业模式"。2019 年，中央一号文件《关于坚持农业农村优先发展做好"三农"工作的若干意见》中，则全新地提出了"实施数字乡村战略"（见表 2-9）。

表 2-9　2016—2019 年我国一号文件关于电子商务的主要内容

时间	文件名称	主要内容
2016	关于落实发展新理念加快农业现代化实现全面小康目标的若干意见	完善跨区域农产品冷链物流体系，开展冷链标准化示范，实施特色农产品产区预冷工程。开展降低农产品物流成本行动。促进农村电子商务加快发展，形成线上线下融合、农产品进城与农资和消费品下乡双向流通格局。实施"快递下乡"工程。鼓励大型电商平台企业开展农村电商服务，支持地方和行业健全农村电商服务体系。建立健全适应农村电商发展的农产品质量分级、采后处理、包装配送等标准体系。深入开展电子商务进农村综合示范。加大信息进村入户试点力度。
2017	关于深入推进农业供给侧结构性改革，加快培育农业农村发展新动能的若干意见	推进农村电商发展。促进新型农业经营主体、加工流通企业与电商企业全面对接融合，推动线上线下互动发展。加快建立健全适应农产品电商发展的标准体系。支持农产品电商平台和乡村电商服务站点建设。推动商贸、供销、邮政、电商互联互通，加强从村到乡镇的物流体系建设，实施快递下乡工程。深入实施电子商务进农村综合示范。全面实施信息进村入户工程，开展整省推进示范。推进"互联网+"现代农业行动。

---

① 商务部关于促进电子商务应用的实施意见［EB/OL］. http：//www. mofcom. gov. cn/article/b/fwzl/201311/20131100398515. shtml.

时间	文件名称	主要内容
2018	关于实施乡村振兴战略的意见	大力建设具有广泛性的促进农村电子商务发展的基础设施，鼓励支持各类市场主体创新发展基于互联网的新型农业产业模式，深入实施电子商务进农村综合示范，加快推进农村流通现代化。
2019	关于坚持农业农村优先发展做好"三农"工作的若干意见	实施数字乡村战略。深入推进"互联网+农业"，扩大农业物联网示范应用。推进重要农产品全产业链大数据建设，加强国家数字农业农村系统建设。继续开展电子商务进农村综合示范，实施"互联网+"农产品出村进城工程。全面推进信息进村入户，依托"互联网+"推动公共服务向农村延伸。

2016 年 8 月，原农业部印发的《"十三五"全国农业农村信息化发展规划》（以下简称《规划》），是推动信息技术与农业农村全面深度融合，确保"十三五"时期农业农村信息化发展取得明显进展，有力引领和驱动农业现代化，指导农业各行业、各领域和各地方农业农村信息化工作的依据。《规划》提出加快发展农业农村电子商务，创新流通方式，打造新业态，培育新经济，重构农业农村经济产业链、供应链、价值链，促进农村一、二、三产业融合发展。《规划》从统筹推进农业农村电子商务发展、破解农业农村电子商务发展瓶颈、大力培育农业农村电子商务市场主体三个方面对促进农业农村电子商务加快发展做了全面部署（见表 2-10）。

表 2-10 促进农业农村电子商务加快发展规划内容

着力点	主要内容
统筹推进农业农村电子商务发展	注重提高农村消费水平与增加农民收入相结合，建立农产品、农村手工制品上行和消费品、农业生产资料下行双向流通格局，扩大农业农村电子商务应用范围。积极配合商务、扶贫等部门，加强政企合作，大力推进农产品特别是鲜活农产品电子商务，重点扶持贫困地区利用电子商务开展特色农业生产经营活动。鼓励发展农业生产资料电子商务，开展农业生产资料精准服务。创新休闲农业网上营销和交易模式，推动休闲农业成为农业农村经济发展新的增长点。加强农业展会在线展示、交易。
破解农业农村电子商务发展瓶颈	加强产地预冷、集货、分拣、分级、质检、包装、仓储等基础设施建设，强化农产品电子商务基础支撑。以鲜活农产品为重点，加快建设农业农村电子商务标准体系。完善动植物疫病防控体系和安全监管体系，建立全国农产品质量安全监管追溯体系，提升信息化监管能力和水平。加强电子商务领域信息统计监测，推动建立企业与监管部门数据共享机制和标准。开展农产品、农业生产资料和休闲农业试点示范，探索一批可复制、可推广的发展模式。

续表

着力点	主要内容
大力培育农业农村电子商务市场主体	开展新型农业经营主体培训，鼓励建立电商大学等多种形式的培训机构，提升新型农业经营主体电子商务应用能力。发挥农业部门的牵线搭桥作用，组织开展电商产销对接活动，推动农产品上网销售。鼓励综合型电商企业拓展农业农村业务，扶持垂直型电商、县域电商等多种形式电商的发展壮大，支持电商企业开展农产品电商出口交易，促进优势农产品出口。大力推进农产品批发市场电子化交易和结算，鼓励新型农业经营主体应用信息管理系统等。

在农产品电子商务快速发展的同时，国家对冷链物流的关注度有了大幅度的提升。2017 年 4 月，国务院办公厅印发《关于加快发展冷链物流保障食品安全促进消费升级的意见》（国办发〔2017〕29 号）（以下简称《意见》）。《意见》首次提出要着力构建"全链条、网络化、严标准、可追溯、新模式、高效率"的现代化冷链物流体系，满足居民消费升级需要，促进农民增收，保障食品消费安全。《意见》对农产品产地"最先一公里"和城市配送"最后一公里"等突出问题，利用现代信息手段、创新经营模式、发展供应链等新型产业组织形态，建立"全程温控、标准健全、绿色安全、应用广泛"的冷链物流服务体系，提升冷链物流信息化水平等做了全面部署。2017 年 10 月，国务院办公厅发布《关于积极推进供应链创新与应用的指导意见》（国办发〔2017〕84 号），提出鼓励家庭农场、农民合作社、农业产业化龙头企业、农业社会化服务组织等合作建立集农产品生产、加工、流通和服务等于一体的农业供应链体系；推动建设农业供应链信息平台；加强农产品和食品冷链设施及标准化建设，降低流通成本和损耗；建立基于供应链的重要产品质量安全追溯机制。

第三节 原农业部及各省市的相关政策（2013—2018 年）

原农业部以及各省市农业有关部门的相关政策，具体可以归纳为五个方面：一是积极建设农村农业信息化示范省市；二是扶持地方特色农产品电子商务的发展；三是推进物联网等新技术在农产品电子商务中的应用示范；四是搭建农产品电子商务信息服务平台；五是鼓励农产品电子商务网站的建设和网上销售的扩张。

一、积极建设农村农业信息化示范省市

原农业部于 2013 年颁布的《全国农村经营管理信息化发展规划（2013—2020 年）》中鼓励北京、上海、浙江、山西、吉林、安徽、湖北、湖南、甘肃等地方政府先试先行，起到带头引导、提供经验的作用。部分省市争先以建设成为农村农业信息化示范省市为目标，依托电子商务企业，发展农产品电子商务，使本省市走在国家农村农业发展的前沿，从而带动本省市的农村农业经济发展。2016 年 1 月，原农业部印发《农业电子商务试点方案》，在北京、河北、吉林、湖南、广东、重庆、宁夏 7 省（区、市）开展鲜活农产品电子商务试点，主要试点内容包括"基地+城市社区"直配模式、"批发市场+宅配"模式、鲜活农产品电商标准体系、鲜活农产品质量安全追溯及监管体系等。

主要扶持方式：一是实施"以奖代补"政策，通过对筛选出的农业电子商务建设较好的省市进行事后补助来代替原先的无偿资助；二是扩大从中央预算内划拨的专项投资规模；三是协调加大对示范区农业电子商务的金融支持力度。

举例：2014 年 2 月，湖南省人民政府发布了《关于全面深化农村改革进一步增强农业农村发展活力的意见》，意见中指出湖南省农业农村要建立健全农业社会化服务体系，支持农产品批发市场、农贸市场和农产品电子商务平台建设；发展农村社区综合服务社，加快推进国家农村农业信息化科技示范省建设。

2014 年 8 月，贵州省科技厅等单位制定了《贵州国家农村信息化示范省建设实施方案》，方案提出要实施特色农林产品电子商务服务示范与现代高效农业示范园区及八大特色产业信息应用示范，依托贵州大数据基地和云工程，重点建成省级农村综合信息服务平台。

2014 年 10 月，四川省商务厅和省财政厅联合下发了《关于印发〈四川省电子商务进农村综合示范工作方案〉的通知》。通知强调，根据四川省实际，将以电子商务进农村综合示范县建设为抓手，支持搭建全省农村电子商务平台，依托万村千乡市场工程、供销、邮政以及大型龙头流通企业、电商企业，重点促进农村消费品、农业生产资料、农产品流通交易和电商进农村体系建设等，建设完善农村电子商务配送及综合服务网络，积极探索建立促

进农村电子商务发展的体制机制。

2014 年 10 月，江西省财政部、商务部办公厅公布了《关于开展电子商务进农村综合示范的通知》，通知里提到该省的主要工作任务为完善农村电子商务物流服务体系，健全农村电子商务服务支撑体系，培育一批电商企业和人才，推广电子商务在农村的应用范围，改善农村电子商务发展环境。

二、扶持地方特色农产品电子商务的发展

我国国土面积辽阔，各地气候、土壤差异较大，农产品品种繁多。不同省份、不同农产品的电子商务发展要求和模式不完全相同，各地政府结合本地农产品的实际情况，制定出适合本地农产品电子商务发展的相关政策。尤其是一些特色农产品，当地政府应该抓住机遇，珍惜资源，充分利用其稀有性，结合电子商务，建立信息平台，拓展特色农产品的销售渠道。

主要扶持方式：一是加大资金支持，整合现有商贸流通、服务业发展等相关专项资金，集中支持农产品电子商务发展；二是加大用地支持，统筹安排农产品电子商务产业园区用地空间布局，优先保障重大农产品电子商务项目用地。

举例：2014 年 6 月，陕西省人民政府发布了《关于进一步加快电子商务发展的若干意见》，意见提出优先支持地方优势产业、特色产业的专业性电子商务平台建设，推进农业、文化等特色行业电子商务发展。

2014 年 7 月，宁夏回族自治区人民政府办公厅公布了《关于印发全区农业结构调整产业优化升级实施方案（2014 年—2017 年）的通知》，通知里提到着力开拓农产品市场，创新市场营销模式。其中强调要大力发展连锁经营、物流配送、电子商务等现代流通方式和新型流通业务，建设宁夏绿色农产品电子商务物流平台，发展农产品网上交易，不断拓展宁夏特色农产品销售渠道。

三、推进物联网技术在农产品电子商务中的应用示范

农产品的短缺与滞销，除受到极端的自然因素的影响外，都应当通过一定的预防机制来避免。因此其中最主要的因素来源于农民盲目的跟风，当去年某种农产品减产，价格上涨时，来年就有大部分农民进行种植，导致该种农产品产量大—滞销—价格下跌，其他缺少种植的农产品价格继续上涨。所

以政府需要把更准确的市场信息反映给农民，来预防盲目跟风所导致的短缺与滞销。而物联网技术不仅解决了农业生产科技化、现代化的问题，还可以用来帮助解决农产品的短缺与滞销所带来的问题。因此政府需要加大力度推进物联网技术在农产品电子商务中的应用。2015年8月，原农业部以农产品、农村制品等为重点，通过加强对互联网和大数据的应用，提升商品质量和服务水平，培育农村产品品牌，提高商品化率和电子商务交易比例，带动农民增收。

主要扶持方式：一是政府联合产学研单位，广纳人才，成立研究中心；二是针对农业物联网区域试验工程重点项目提供资金补助。

举例：2013年5月，原国家农业部发布《农业物联网区域试验工程工作方案》，该方案将研究和部署农业物联网公共服务平台，研究和制定一批农业物联网应用行业标准，中试和熟化一批农业物联网关键技术和装备，形成一批可推广的技术应用模式，培育农业物联网产业作为重点任务。

2013年12月，上海市农业委员会制定了《农业物联网区域试验工程建设（上海）实施方案》，方案提出构建农业物联网应用公共服务平台，并将其作为重点项目实施，推进物联网技术在农产品电子商务中的应用示范。

四、搭建农产品电子商务信息服务平台

我国是农业大国，拥有的农业信息资源较为丰富，但我国农业网络资源在开发利用中存在很多问题：农业网络信息采集、处理比较落后；信息资源缺乏多样性、网站水平低、内容重复多；信息资源规模小、服务功能低；信息时效性差、有效信息少；信息共享程度低、资源利用能力较弱。因此需要政府加强在农业信息资源上的合理配置，通过搭建信息服务平台，整合现有的农业信息资源，将信息资源充分地加以利用。

主要扶持方式：一是整合原有信息资源，培育跨界合作，打造自主品牌，优化信息资源配置，搭建信息服务平台；二是增加省市财政用于扶持农村电子商务的资金，重点扶持农产品电子商务公共服务平台建设。

举例：2014年1月，江苏省人民政府就在《关于全面深化农村改革深入实施农业现代化工程的意见》中明确提出，加强农产品市场调控体系，加强农产品电子商务平台建设。

2014年4月，北京市农村工作委员会公开了《关于扎实做好农业农村信

息化工作的意见》，意见强调要北京市农业建设坚持以"221 信息平台"为核心，整合北京市相关单位和各郊区县的涉农数据，综合集成多种信息技术和最新农业分析模型，面向消费者、生产者、经营者和管理者等不同群体，开发信息查询、分析决策和综合服务等基本功能。

2014 年 5 月，湖北省通过的《湖北省休闲农业发展总体规划（2013—2020）》中提出了充分利用当地现有的农业信息网络资源，搭建信息服务平台，建设信息查询和电子商务等功能，组建行业服务平台。

2014 年 9 月，京津冀三地共同签订《关于落实京津冀共同推进市场一体化进程合作框架协议商务行动方案》，指出京津冀将共同建设统一开放的商贸流通市场，鼓励零售业相互延伸，搭建三地电子商务发展平台。

五、鼓励农产品电子商务网站的建设和网上销售的扩张

随着互联网技术的发展，我们的工作和生活都离不开网络的支持与陪伴。中青年消费者更多的是通过网络查询商品信息，进行筛选，购买商品，甚至是直接通过网站购买商品。这也是农产品销售的一种有利渠道。因此，建设农产品电子商务网站、鼓励发展网上销售，成为当今时代最有效的农产品营销方式。原农业部在 2014 年 9 月印发了《关于引导和促进农民合作社规范发展的意见》，明确指出要推进农业合作社信息化建设，积极发展电子商务，鼓励农民合作社建立网站。

主要扶持方式：一是加强农村地区电子商务普及培训；二是引导社会性资金和电子商务平台企业加大在农产品电子商务中的投入，支持农产品电子商务网站建设。

举例：甘肃省人民政府就在 2014 年 7 月发布了《关于进一步加快农民合作社发展的意见》（甘政发〔2014〕75 号），将大力推进电子商务应用，促进农产品网上销售，指导农民合作社利用信息服务平台及时了解市场信息，发布本社产品和服务信息，提升农民合作社信息化建设水平作为重点工作。

原农业部以及各省市提出的这些政策，从一定程度上反映了我国政府对农产品电子商务发展的重视。我国农产品电子商务起步较晚，但国家和各地方政府一直在不断尝试，积累经验，探索办法，为我国农产品电子商务的发展提供支持和保障，有力地推动了农产品电子商务的快速发展。

第三章 我国农产品电子商务发展现状及特征

　　2012 年，淘宝和天猫经营农产品类目的网店数已达 26.06 万家，涉及农产品商品数量 1004.12 万个。2012 年，阿里平台上农产品交易额达到近 200 亿元，而 2010 年仅为 37 亿元。同时，农产品品类也在急剧地扩充。2010 年，淘宝网所卖的农产品以干果山货、粮油米面、鲜花园艺为主；2011 年，增加了花卉蔬果、植物树木等；2012 年，又增加了茶叶和生鲜水产。2013 年，几乎全类目的农产品都迎来较高速度的增长。其中，新鲜水果、海鲜水产、南北干货、新鲜蔬菜等重点类目增幅超过 300%。①

　　除了淘宝，其他电商平台也都快速发展。2012 年 5 月 31 日，顺丰速运旗下的电商食品商城"顺丰优选"宣布上线，定位为中高端食品 B2C；2012 年 6 月，亚马逊中国推出主营海鲜食品的生鲜频道，淘宝则上线以有机农产品交易为主的生态农业频道，还包括蔬菜水果、肉禽蛋类和粮油副食等；2012 年 7 月 17 日，一家名为"本来生活网"的电商正式上线，内部"买手"亲自到全国各地采购特色生鲜农产品；7 月 18 日，京东商城宣布推出生鲜食品频道；等等。总之，农产品电子商务越来越受到投资者、政府、消费者的关注。

第一节　北京市农产品电子商务发展状况

一、基本情况

　　北京市一直高度重视农产品流通，为进一步完善农产品流通体系，2010 年先后印发《北京市人民政府关于统筹推进本市"菜篮子"系统工程建设，保障市场供应和价格基本稳定的意见》（京政发〔2010〕37 号）和《北京市

---

① 农产品电商大跃进：淘宝天猫交易额达 200 亿明年 1000 亿［EB/OL］.（2013-06-11）http：//www. yingxiao360. com/htm/2013611/7897. htm.

人民政府关于切实做好稳定消费价格水平保障群众基本生活有关工作的通知》，完善农产品流通体系发展规划，稳定流通环节，提高菜篮子主要产品的控制率。并且，北京市自 2008 年起开始推动"农超对接"、合作社与在京企事业单位对接，以及农民合作社农产品直销店建设等工作。北京市在面向消费者这一环节上，建立了集市、农贸市场、菜市场、生鲜连锁超市、便利店、网店等多样化的零售网络，以农产品经销公司、农产品物流配送中心及生鲜超市为代表的农产品流通方式得到快速发展，为农产品电子商务发展奠定了基础。

北京市农产品电子商务发展处在全国较领先位置，国内较早的沱沱工社、本来生活、优菜网等都从北京开始。另外，平台型电子商务也多以北京为起点。随着生产者、消费者对农产品电子商务的需求不断出现，初始的信息化平台慢慢开发出具有商务功能的板块。至 2009 年前后，在物流、信息基础设施依然比较薄弱的条件下，一些走在前沿的创业创新者以主动合作的态度，使农产品最大程度去适应网络交易的需求，开始建立耐储存、可标准化生产的农产品电子商务平台。直到 2012 年前后，关于农产品物流配送的有利政策出台，不耐储存的农产品（生鲜农产品）电子商务开始集中发力。2012 年 5 月，顺丰优选上线，定位中高端食品 B2C；6 月，亚马逊中国的食品分类中，增加了一个新的品种"海鲜"；7 月，京东商城正式推出生鲜食品频道；2013 年 4 月，1 号店上线"1 号果园"。

根据易观智库的数据，自 2012 年下半年以来，农产品电子商务增速保持在 40% 以上；2013 年第二季度的交易规模已达到 24 亿元，当时预计全年生鲜 B2C 市场规模将达到 57 亿元。[①] 另外，根据阿里的数据，2013 年 1 至 5 月，在淘宝及天猫两大网站，农产品已经完成 148 亿元的交易额，当时预测 2013 年阿里巴巴各平台农产品销售额将达到 500 亿元，2014 年将达到 1000 亿元。[②] 可见，这一时期农产品电子商务发展迅猛。从目前发展看，沱沱工社、本来生活网、顺丰优选等生鲜农产品的专业 B2C 在快速崛起，天猫、1 号店、我买网、京东等综合 B2C 平台网站正迅速覆盖农产品领域。电子商务平台网站的进入，为农产品电子商务市场带来了强劲驱动力，标志着生鲜电子商务市场正在从垂直电子商务的区域探索，转变为整个领域的规模性扩张。

---

① 本土生鲜电商练兵参战"双十一"［N］. 重庆商报, 财经新闻, 2013. 11. 7.
② 信息快车：前 5 月阿里巴巴农产品销售额达 148 亿［EB/OL］. （2013－07－22）http：// news. 10jqka. com. cn/20130722/c538347331. shtml.

时至今日，农副产品的网购市场渗透率相比服装、化妆品、3C 等行业仍然要低得多，仅在 1% 左右。中国食品工业协会发布的数据显示，2012 年食品工业产值约为 10 万亿元，如果以 10% 的渗透率核算，整个食品行业的电子商务规模将超万亿元。[①] 可以预计，以新鲜水果、蔬菜、海鲜产品以及各种包装精美的干货为内容的生鲜食品，将成为继图书、3C 电子产品、服装之后的第四大类网上热销产品。

二、北京市农产品电子商务渠道建设

北京市农产品电子商务市场已经出现了一批有规模、有能力的企业。2013 年，在北京市销售农产品规模较大的电商主要有：以销售粮油为主的中粮我买网，销售米面、粮油、肉类、水果、蔬菜、进口食品等；以销售肉类为主的顺丰优选网，销售肉类、水产、水果、酒水、进口零食等；以销售鲜活农产品为主的鲜直达网，销售蔬菜、水果类商品；以果品销售为主的本来生活网，销售禽蛋肉、蔬菜水果、酒水茶叶等；以销售有机农产品为主的沱沱工社，主销高端有机蔬菜、水果、肉类等。北京市农民专业合作社在网络销售上也有一定的规模。如，2012 年北菜园蔬菜产销专业合作社每天能接到网络订单近 200 笔，销售量约为 1000 千克，占合作社蔬菜日销售总量的 66%。

在北京市农产品电子商务渠道建设中，农民专业合作社是一支重要的力量。截至 2013 年底，北京市工商登记注册的农民专业合作社 6010 个，在册合作社成员总数 15.4 万人，合作社成员出资总额达到 65.4 亿元，辐射带动农户 46 万户，占全市从事一产农户总数的 3/4，[②] 在推动农产品电子商务渠道建设中发挥了重要作用。北京市农民专业合作社通过电子商务销售农产品的方式主要有两种：

第一，通过网络与消费者沟通，宣传农民专业合作社的产品，并组织消费者上门购货，或由农民专业合作社组织送货，以及消费者团购等。这一方式在农民专业合作社中比较普遍，效果明显。如有些农民专业合作社在宣传采摘活动中，采用网上团购的方式，通过打折促销吸引消费者前来采摘购买，在习惯团购的消费者群体中产生一定的影响。有些农民专业合作社通过网络

---

① 生鲜电子商务：高毛利背后危机四伏 [N]. 中国商报，2013.08.15.
② 李庆国. 北京成立农民专业合作社联合会 [N]. 农民日报，2014.1.1 .

宣传，与有关单位联系，将产品成批量地销售到有关单位。

第二，农民专业合作社开设网上商铺。北京市农民专业合作社开设网上商铺有五种模式。

一是利用本地网络开设网上商铺。如密云区的淑凤自产自销合作社在区邮政局的邮政礼仪网为合作社开设了网上商铺，主营柴鸡蛋、小杂粮、杏核油等农产品。房山区从2008年起，依托"房山农合网"构建了"网上联合社"，到2013年发展137家农民专业合作社为会员，打通了合作社农产品网络流通的渠道。

二是利用区县的网络超市。如大兴区创办的"任我在线"网络超市，采取网络销售与实体网点相结合的形式，在区内建立了1家配送中心和若干家社区网络超市，在其他区县也设立了网络超市。当地社区居民既可到超市采购，也可在网上或通过电话订购，由就近的超市店员送货上门。

三是利用自建的农产品提货点建立网上商店。如北京市益农兴昌农产品产销专业合作社利用在北京17个地铁出站口和20个社区设立的网上蔬菜提货点，销售果蔬、蛋、杂粮等，到2013年已有2万多会员客户。

四是利用淘宝、京东、天猫等网络销售。北京的绿奥合作社在淘宝网建起了销售网店，以适合8~10人食用的6千克、12种蔬菜组合套餐形式销售，蔬菜套餐只配送北京地区，由快递公司送货，主要产品是高档的蔬菜。

五是利用行业的网站进行宣传和销售。农产品的行业网站多数是良好的产品信息发布平台，网上可以查询到产品的价格、供求等方面的信息，消费者可以找到需要的产品，可以对供货的合作社进行比较选择。

第二节 农民专业合作社主导的电子商务发展状况

农产品电子商务可以冲破时空的界限，为农民、企业等提供准确、及时的市场信息，解决农业生产和流通中信息闭塞、滞后、分散经营等问题。此外，农民专业合作社主导的农产品电子商务为中远期大宗农产品电子商务提供了预知价格，具有抗击市场风险的功能。这解决了传统农产品交易手段单一、交易成本高、风险大的问题，为农产品生产流通要素的重新组合提供了更大的空间。为充分了解农民专业合作社主导的电子商务发展状况，2014年

10月20日—2014年11月13日，北京市农村经济研究中心对京郊合作社进行了调研，共获得有效调查问卷139份。其中，调研的农民专业合作社中，有35家开展网上销售商品的业务。

一、基本情况

1. 农民专业合作社的主要经营内容情况

调研结果显示，139家农民专业合作社的主要经营内容，以从事种植业的比例最高，占69.78%；其次是从事农产品销售，占53.96%；从事观光采摘和养殖业占32.37%，其中观光采摘近年来发展很快。但由农民专业合作社经营的仓储运输所占比例较低，只有12.23%（见表3-1）。

表3-1　农民专业合作社的主要经营内容情况

选项	样本数（份）	比例（%）
种植	97	69.78
养殖	45	32.37
农产品加工	24	17.27
农产品销售	75	53.96
民俗旅游	16	11.51
观光采摘	45	32.37
手工编织	7	5.04
仓储运输	17	12.23
农机	7	5.04
其他	1	0.72
本题有效填写人次	139	

2. 农民专业合作社出售的产品得到认证或知名品牌商标情况

调研结果显示，农民专业合作社出售的产品得到认证或知名品牌商标情况，以无公害食品认证、有机食品认证、绿色食品认证为主，占比分别为33.81%、32.37%、12.95%；而最具乡土特色产品、地理标志产品、著名商标、知名品牌等占比不是很高，只有10.97%、8.63%、6.47%、7.19%（见表3-2）。总体来看，农民专业合作社出售的产品得到认证的比例还很低，品牌建设、品牌营销还比较落后。

表 3-2　农民专业合作社出售的产品得到认证或知名品牌商标情况

选项	样本数（份）	比例（%）
无公害食品认证	47	33.81
绿色食品认证	18	12.95
有机食品认证	45	32.37
QS 认证	12	8.63
著名商标	9	6.47
知名品牌	10	7.19
驰名商标	3	2.16
最具乡土特色产品	15	10.79
免检产品	1	0.72
地理标志产品	12	8.63
消费者信得过产品	9	6.47
其他	6	4.32
无相关认证或荣誉	37	26.62
本题有效填写人次	139	

3. 农民专业合作社网上销售商品的主要种类

调研结果显示，网上销售农产品的 35 家农民专业合作社以礼盒农产品为主，占 85.71%；其次是销售生鲜农产品，占 42.86%；农民专业合作社网上销售农产品深加工产品的比例也较高，为 31.43%（见表 3-3）。可见，有区域特色、特定用途的包装产品是农民专业合作社网上销售的主要农产品，生鲜农产品虽然比例也很高，但是与礼盒农产品相比，空间还很大。

表 3-3　农民合作社网上销售商品的主要种类情况

选项	样本数（份）	比例（%）
生鲜农产品	15	42.86
干货农产品	7	20
农产品深加工产品	11	31.43
农产品礼盒	30	85.71
以农副产品为原料的日用品、工艺品	5	14.29
其他	3	8.57
本题有效填写人次	35	

二、农民专业合作社从事电子商务的设施条件情况

1. 农民专业合作社网络营销使用的技术情况

调研结果显示，多数农民专业合作社利用公用平台、社交软件等从事电子商务，占62.86%；42.86%的农民专业合作社通过第三方技术（外包、购买）完成电子商务业务；只有28.57%的农民专业合作社利用自有技术（合作社自有技术人员建网站、开发相关软件）；还有5.71%的农民专业合作社利用其他方式（见表3-4）。因此，公共平台、社交软件以及第三方技术的健全完善程度对农民专业合作开展农产品电子商务影响很大。

表3-4　农民专业合作社网络营销使用的技术情况

选项	样本数（份）	比例（%）
自有技术（合作社自有技术人员建网站、开发相关软件）	10	28.57
第三方技术（外包、购买）	15	42.86
利用公用平台、社交软件等	22	62.86
其他	2	5.71
本题有效填写人次	35	

2. 农民专业合作社农产品电子商务环节的人员配备情况

调研结果显示，51.43%的农民专业合作社配备有专门的农产品电子商务环节的部门和人员；40%的农民专业合作社的农产品电子商务环节工作是由其他部门人员兼职的；只有5.71%的农民专业合作社有自有的技术研发团队（见表3-5）。因此，农民专业合作社虽然很大程度上重视农产品电子商务人员的配置，但是技术研发水平还很低。

表3-5　农民专业合作社农产品电子商务环节的人员配备情况

选项	样本数（份）	比例（%）
有专门负责的部门	18	51.43
有自有的技术研发团队	2	5.71
由其他部门人员兼职	14	40
其他	3	8.57
本题有效填写人次	35	

3. 农民专业合作社所在地的物流情况

调研结果显示，农民专业合作社所在地有专业物流或快递很方便的占60.00%；31.43%的农民专业合作社所在地很少或没有专业物流或快递；农民专业合作社所在地有冷链物流的比例更低，只有14.29%（见表3-6）。因此，专业物流或快递的发展对农民专业合作社开展农产品电子商务的促进作用很明显，但是冷链物流还没有得到足够的发展，尚不成熟，对农产品电子商务的价值创造很不利。

表3-6　农民专业合作社所在地的物流情况

选项	样本数（份）	比例（%）
很少或没有专业物流或快递	11	31.43
使用专业物流或快递很方便	21	60
有冷链物流	5	14.29
其他	1	2.86
本题有效填写人次	35	

4. 农民专业合作社网上销售农产品的主要运输、配送方式情况

调研结果显示，农民专业合作社选择自己配送网上销售的农产品的比例较高，为68.57%；同时，也有60%的农民专业合作社选择使用物流、快递公司配送网上销售的农产品（见表3-7）。因此，农民专业合作社自建的网络配送渠道虽然较充分，但是尚不能满足农产品电子商务发展的需求，农民专业合作社对专业物流、快递的依赖程度很大。

表3-7　农民专业合作社网上销售农产品的主要运输、配送方式情况

选项	样本数（份）	比例（%）
合作社自己配送	24	68.57
雇佣运输车运送	7	20
使用物流、快递公司	21	60
其他	1	2.86
本题有效填写人次	35	

5. 农民专业合作社在农产品电子商务方面的资金投入情况

调研结果显示，60%农民专业合作社在农产品电子商务方面的资金缺口

大；22.86%的农民专业合作社有稳定的资金来源；17.14%的农民专业合作社已经有较高投入；农民专业合作社在农产品电子商务方面还没有投入太多资金的比例为25.71%（见表3-8）。因此，农民专业合作社总体上在农产品电子商务方面对资金的需求很大、缺口很大，需要政府给予资助和扶持。

表3-8 农民专业合作社在农产品电子商务方面的资金投入情况

选项	样本数（份）	比例（%）
有稳定的资金来源	8	22.86
资金缺口大	21	60
已经有较高投入	6	17.14
还没有投入太多资金	9	25.71
其他	3	8.57
本题有效填写人次	35	

三、农民专业合作社农产品电子商务交易的价格、成本情况

1. 农民专业合作社农产品网上销售的价格与线下销售的价格比较

调研结果显示，91.43%农民专业合作社认为网上销售农产品的价格与线下销售农产品的价格差不多；8.57%农民专业合作社认为网上销售农产品的价格比线下销售农产品的价格要高；选择农产品网上销售的价格比线下销售的价格低的为0（见表3-9）。因此，农民专业合作社经营农产品电子商务，通过网上销售农产品不应单纯采取价格低廉的营销策略，消费者考虑的也不是片面的价格，而是便捷、快速、省时、有保障等。

表3-9 农民专业合作社农产品网上销售的价格与线下销售的价格比较

选项	样本数（份）	比例（%）
高	3	8.57
差不多	32	91.43
低	0	0
本题有效填写人次	35	

2. 农民专业合作社农产品网上销售的成本与线下销售的成本比较

调研结果显示，74.29%的农民专业合作社选择网上销售农产品的成本与

线下销售农产品的成本差不多；22.86%农民专业合作社选择网上销售农产品的成本比线下销售农产品的成本高；只有2.86%农民专业合作社选择网上销售农产品的成本比线下销售农产品的成本低（见表3-10）。因此，农产品通过网上销售与农产品通过线下销售相比，多数不存在成本劣势。

表3-10　农民专业合作社农产品网上销售的成本与线下销售的成本比较

选项	样本数（份）	比例（%）
高	8	22.86
差不多	26	74.29
低	1	2.86
本题有效填写人次	35	

3. 网上销售农产品的成本主要体现的方面

调研结果显示，农民专业合作社的农产品网上销售成本，最突出地表现在物流配送上，82.86%的农民专业合作社对此做了选择。此外，网络营销、互联网信息化技术、消费者信任维护、农产品质量安全等方面所占比例也较高，分别为40%、34.29%、25.71%、20%（见表3-11）。因此，农产品电子商务的进一步发展，亟待完善农产品物流配送体系建设，同时应侧重关注网络营销、互联网信息化技术、消费者信任维护、农产品质量安全等方面的建设和维护。

表3-11　农产品网上销售成本的突出方面

选项	样本数（份）	比例（%）
物流配送	29	82.86
互联网信息化技术	12	34.29
网络营销	14	40
农产品质量安全	7	20
农产品生产技术	2	5.71
消费者信任维护	9	25.71
其他	0	0
没有特别高的地方	1	2.86
本题有效填写人次	35	

4. 通过电子商务进行农产品交易的优势

调研结果显示,"产品有特色"是通过电子商务进行农产品交易的最大优势,91.43%的农民专业合作社对此做了选择,而且这一比例远远高于其他选项的比例。此外,还有34.29%的农民专业合作社选择了"特有的消费者信任体系";25.71%的农民专业合作社选择了"物流、冷链配送条件好"(见表3-12)。因此,农产品电子商务的优势还体现在农产品本身的特色、特定的消费者群体以及物流与冷链配送体系建设上。

表3-12　通过电子商务进行农产品交易的优势

选项	样本数（份）	比例（%）
产品有特色	32	91.43
物流、冷链配送条件好	9	25.71
地理位置好	7	20
政府有扶持政策	5	14.29
建有自有网络技术营销研发团队	2	5.71
特有的消费者信任体系	12	34.29
农产品检疫检验技术条件好	6	17.14
稳定的资金来源	4	11.43
其他	0	0
没有什么优势	1	2.86
本题有效填写人次	35	

四、农民专业合作社开展农产品电子商务存在的困难及需求情况

1. 农民专业合作社在推进农产品电子商务过程中遇到的主要困难

调研结果显示,农民专业合作社在推进农产品电子商务过程中遇到的主要困难,突出表现在缺少资金和缺乏网络营销、技术人才两个方面,这两个方面的比例都为62.86%。另外,农产品物流、配送成本高(42.86%),内部管理理念跟不上(22.86%),消费者网络采购农产品习惯不足(17.14%)等也是制约农产品电子商务发展的主要问题(见表3-13)。

表3-13 农民专业合作社在推进农产品电子商务过程中遇到的主要困难

选项	样本数（份）	比例（%）
内部管理理念跟不上	8	22.86
农产品不适应网络销售（如不易标准化生产等）	4	11.43
缺乏网络营销、技术人才	22	62.86
消费者网络采购农产品习惯不足	6	17.14
合作社消费者信任体系不易建立	2	5.71
农产品物流、配送成本高	15	42.86
缺少资金	22	62.86
所在地信息化基础条件不好	2	5.71
农产品认证、检验检疫等费用高	3	8.57
农产品产量供不应求，有季节性	4	11.43
网上支付有难度	0	0
电子商务网络的安全性不够	0	0
其他	0	0
没啥困难	1	2.86
本题有效填写人次	35	

2. 农民专业合作社在推进农产品电子商务过程中得到的政府支持

目前，农民专业合作社在推进农产品电子商务过程中得到的政府支持主要有：农产品电子商务推广、宣传，帮助与第三方平台对接和人才培训。但是，政府在信息化、网络技术方面及资金补助上的支持力度还不够，在网络基础设施建设、金融机构的支持、标准化生产技术支持等方面还应该加大力度（见表3-14）。

表3-14 农民专业合作社在推进农产品电子商务过程中得到的政府支持

选项	样本数（份）	比例（%）
网络基础设施建设	6	17.14
农产品电子商务推广、宣传	15	42.86
帮助与第三方平台对接	12	34.29
帮助取得金融机构支持	4	11.43
提供农产品质量安全检测服务	3	8.57
人才培训	12	34.29

选项	样本数（份）	比例（%）
资金补助	9	25.71
标准化生产技术支持	3	8.57
农产品标准化体系建设	5	14.29
信息化、网络技术方面的支持	10	28.57
其他	0	0
没有获得什么支持	10	28.57
本题有效填写人次	35	

3. 农民专业合作社希望得到的政府支持

农民专业合作社在开展农产品电子商务过程中，最希望得到政府在资金补助上的支持，以解决资金需求大、缺口大的实际问题。此外，还希望得到政府在农产品电子商务推广、宣传，网络基础设施建设，人才培训，信息化、网络技术，帮助与第三方平台对接等方面的支持（见表3-15）。

表3-15　农民专业合作社希望得到的政府支持

选项	平均综合得分
资金补助	1.9
农产品电子商务推广、宣传	1.47
网络基础设施建设	1.14
人才培训	1.11
信息化、网络技术方面的支持	0.92
帮助与第三方平台对接	0.79
帮助取得金融机构支持	0.73
农产品标准化体系建设	0.19
标准化生产技术支持	0.19
不需要	0
其他	0
提供农产品质量安全检测服务	0

第三节 我国农产品电子商务发展效果的评价

一、促进了农村经济发展

第一，农产品电子商务的发展，进一步促使有关部门加大农村地区的信息设施建设资金投入，改善农村地区的信息环境。如，农产品电子商务发展，不仅促使农业行政部门加快建设局域网和农业信息网站，全线贯通省、地、县、乡四级网络，而且促进了农业监测预警系统、农产品供求和推介服务系统、农产品价格信息系统、农业科技信息联合服务系统、农业市场监管信息系统的建设。

第二，农产品电子商务带动了农村高效的物流体系建设。如，黑龙江省高度重视鲜活农产品在流通过程中的保鲜设施建设，截至 2010 年底，黑龙江省共有冷库近 400 个，总容量约为 62 万吨，分为冻结物冷藏库、低温冷藏库和高温冷藏库，所占比例分别为 15%、45%、40%，用于生鲜农产品的保鲜储藏。"十二五"期间，我国以推进现代交通网络建设为重点，加快公路建设、铁路建设、民航建设、水运建设，基本实现农村"村村通"和公路网络化，基本实现公路、铁路、空运、水运"四位一体"、相互匹配、便捷高效的现代化交通运输网。

第三，农产品电子商务推动了农产品的规模化生产。基于信息网络技术的农产品电子商务能够运用虚拟的电子平台展示自己的农产品和服务，通过有创意的网络广告提高企业的知名度，农产品电子商务跨越空间的特性可以在 24 小时之内为全球的用户提供农产品配送和相关服务，这为农产品规模化的生产和贸易提供了可能。同时，通过便捷的信息网络进行企业内部、企业与消费者，企业与农产品供应商、运输商之间的信息交流，节约了成本，提高了效率，实现了企业的内部和外部规模经济。此外，农产品电子商务贸易规模化的形成，为农产品物流的规模化运输提供了前提，规模化的农产品流通降低了流通成本，节约了交易成本，从而获得规模效益。[①] 如杭州市大力发展农业产业化经营，出现了"秋梅"等一大批农业龙头企业。农业企业不断

---

① 石鲁达. 黑龙江省农产品电子商务发展对策研究 [D]. 东北农业大学，2013.

加大信息化投入力度，多数农业企业和经营户安装了宽带，上网率达到80%以上，超过1/2的企业和经营户已经直接或间接运用互联网推销自己的产品，基本具备了大规模应用电子商务的基础条件。

第四，农产品电子商务促使农民信息素质提高，知识结构改变。农产品电子商务促使各地政府、行业、企业注重培养农民掌握现代农业知识、商务知识和网络技术，通过举办形式多样、生动活泼、图文并茂的电子商务科技宣传和培训，教会农民使用和掌握检索网络信息和网上交易的方法、技术及防范风险的方法，提高电子商务在农户中的了解度和可信度。同时，政府强化各级农业信息管理和服务人员的培训，提高他们组织开展农业信息体系建设的能力和自身的服务水平，改善农产品电子商务应用的社会基础，加强对农产品电子商务人才的培养，加快农民经纪人队伍建设，提高农民信息素质。

二、优化了农业产业结构

农产品电子商务可以提高我国农业企业和农户的生产管理水平、扩大农产品的流通范围、建立生产与市场之间的无缝连接，从而提高我国农业的产业竞争力，优化产业结构，加强产业合作，有效解决农业中广泛存在的小生产与大市场之间的矛盾。

农产品电子商务促使网上的交易公开、公平、透明，成交的价格真实地反映了市场中的供求，有助于引导广大的农户科学地安排生产，以销订产，减少生产的盲目性。农产品电子商务带动农户进行种植业改造、农产品深加工，为工业企业与农户搭桥，打造具有地域特色的农业品牌。如浙江龙游县以生态农场为主产地，联合直接从事种植、养殖和加工的龙头企业、专业合作社和"一村一品"专业村，大力推进无公害、绿色、有机食品等优质农产品标准化基地建设，目前已有34个"一村一品"生态农场通过认证并成为淘宝网基地，17个基地通过国家和省无公害农产品认证，全县共有14类388个食品安全示范村、示范种植基地、示范食品生产加工厂，保证了农产品品种丰富、货源稳定和质量安全，形成了具有明显地域特色的农产品品牌。

一些地区利用电子商务平台，发展农业旅游、生态农业、休闲农业，将已有的特色农业资源利用电子商务信息发布平台加以宣传、开发，将还没形成规模的农业资源进行特色化改造。特色农业可以通过特色农业产品开发，增加农民的收入，还可以利用旅游业带动相关行业发展，为农业经济的发展打下良好的基础。如浙江遂昌探索出的以"电子商务综合服务商+网商+特色产业"为核心的平台化电商发展渠道，将电子商务与原生态精品高效农业、乡村休闲养生旅游、现代服务业等相关产业紧密结合，有效解决了农产品买难卖难问题，打响了遂昌原生态农产品品牌，丰富了旅游产品和旅游服务，交通运输业、仓储业和邮政业都得到爆发式发展。

三、促使农村生产方式转变

在电子商务环境下，消费者需求呈现出多样化、个性化的特点，这使得生产环节必须具备快速响应需求变化的能力，按照消费需求引导生产。近年来，随着收入水平的提高，消费者越来越重视食品的品质和安全，一些农产品电子商务企业开始自建生产基地或者联合生产，得到各认证机构有机认证。如，沱沱工社出巨资在北京市平谷区马昌营镇投资建设了1500亩有机种植基地，已获得欧盟有机认证、中绿华夏有机认证，同时获得"中国有机种植示范基地"称号。其有机农场既为客户提供优质、放心的有机蔬菜，也是为客户提供考察、学习有机安全种植的教育基地。如，上海"菜管家"现有197家获得有机及绿色认证的合作基地、300多家优质农产品合作供应商，提供涉及人们饮食的8大类37小类、近2000种涵盖蔬菜、水果、水产、禽肉、粮油等全方位高品质商品。这些都对安全农产品的生产起到了良好的带动和促进作用。

农产品电子商务的交易对象是实物商品，加上农产品自身特点，运输要求比较高，在运输之前要进行初级包装、加工，以保证产品质量。通过农产品加工过程，还可以提高产品的附加价值，为农民、农业企业带来更多利润。因此，农产品电子商务的应用进一步推进了农业生产的产业化经营，也对培育出更多的农业产业化龙头企业提出了要求。如浙江江山健康蜂业有限公司是浙江省农副产品加工龙头企业，通过"农户+公司+合作社+电商"模式，打造了集蜜蜂育种与养殖、蜂产品采购、深加工、产品研发与贸易于一体的全产业链，促进了蜂产品生产经营方式的转变。并且，该企业通过整合资源，在横向上做大多元化农特产品，效果显著。如对其开拓的本地猕猴桃产品，通过采取差异化策略，提炼卖点、改造包装、改善物流体验等，使普遍6元/斤的猕猴桃提高到10元/斤，为农民、农业企业带来更多利润。

四、增加了农民收入

2013 年，中国社科院信息化研究中心与阿里巴巴集团研究中心联合发布《涉农电子商务研究报告》，首次公布农民网商和网店群体情况。数据显示，截至 2011 年 12 月底，全国农民网店（含县）总数为 131 万家，其中 2011 年新增 68.28 万家，超过半数；2011 年淘宝全网农民网商（自然人）含县注册总数为 171 万人，触网农民收入远超普通农民。①

农民网商地域特征明显，江苏的肉干和花卉占近 1/4，而浙江坚果和肉类则超过 50%，福建则茶叶单品种就达到了 66.2%，上海的工艺品、点心和巧克力等占到了 40%，农村电子商务交易结构反映了不同区域的农村产业竞争优势。从网销情况看，浙江、广东、福建、江苏四省电子商务相对实体经济比重较大。按省网商和网店数量分析显示，江苏、浙江、广东、福建、上海、山东位居前列，占农民网商数量和农民网店数量超过半数，而西北等偏远地区则发展滞后。调查显示，在电子商务平台交易金额品种靠前的农产品相对集中，如坚果炒货、茶叶、肉食、蜜饯糖果、点心及工艺品等排名前列。蔬菜瓜果类、肉蛋禽类等包装、运输不便，在传统电子商务意义上来说属于不容易做成的产品种类，农民网商也已在此领域取得突破。②

五、改变了消费方式

农产品电子商务作为农产品流通的一种新方式，正在逐步改变人们的农产品购买行为。据中国互联网络信息中心（CNNIC）发布的历次《中国互联网络发展状况统计报告》显示，越来越多的居民变成了网民，越来越多的网民成为网络消费者，进而成为网络购物者（见表 3-16）。

---

① 涉农电商报告出炉，触网农民收入远超普通农民 ［EB/OL］. (2012-09-12) http：//b2b. toocle. com/detail—6057206. html.

② 涉农电商报告出炉，触网农民收入远超普通农民 ［EB/OL］. (2012-09-12) http：//b2b. toocle. com/detail—6057206. html.

表 3-16 中国网民数量和普及率

报告序号	发布时间	网民数量（人）	普及率（%）	报告序号	发布时间	网民数量（人）	普及率（%）
第 1 次	1997.10	62 万		第 2 次	1998.7	117.5 万	
第 3 次	1999.1	210 万		第 4 次	1999.7	400 万	
第 5 次	2000.1	890 万		第 6 次	2000.7	1690 万	
第 7 次	2001.1	2250 万		第 8 次	2001.7	2650 万	
第 9 次	2002.1	3370 万		第 10 次	2002.7	4580 万	
第 11 次	2003.1	5910 万		第 12 次	2003.7	6800 万	
第 13 次	2004.1	7950 万		第 14 次	2004.7	8700 万	
第 15 次	2005.1	9400 万		第 16 次	2005.7	1.03 亿	
第 17 次	2006.1	1.11 亿	8.5	第 18 次	2006.7	1.23 亿	
第 19 次	2007.1	1.37 亿		第 20 次	2007.7	1.62 亿	12.3
第 21 次	2008.1	2.1 亿	16%	第 22 次	2008.7	2.53 亿	19.1
第 23 次	2009.1	2.98 亿	22.6	第 24 次	2009.7	3.38 亿	25.5
第 25 次	2010.1	3.84 亿	28.9	第 26 次	2010.7	4.2 亿	31.8
第 27 次	2011.1	4.57 亿	34.3	第 28 次	2011.7	4.85 亿	36.2
第 29 次	2012.1	5.13 亿	38.3	第 30 次	2012.7	5.38 亿	39.9
第 31 次	2013.1	5.64 亿	42.1	第 32 次	2013.7	5.91 亿	44.1
第 33 次	2014.1	6.18 亿	45.8	第 34 次	2014.7	6.32 亿	46.9
第 35 次	2015.1	6.49 亿	47.9	第 36 次	2015.7	6.68 亿	48.8
第 37 次	2016.1	6.88 亿	50.3	第 38 次	2016.7	7.10 亿	51.7
第 39 次	2017.1	7.31 亿	53.2	第 40 次	2017.7	7.51 亿	54.3
第 41 次	2018.1	7.72 亿	55.8	第 42 次	2018.7	8.02 亿	57.7

　　2011 年第 27 次报告显示，商务类应用用户规模高位增长，其中网络购物用户年增长 48.6%，是用户增长最快的应用。网上支付和网上银行全年增长率也分别达到了 45.8% 和 48.2%，远远超过其他类网络应用，预示着更多的经济活动步入互联网时代。[①]

　　2014 年第 33 次报告显示，截至 2013 年 12 月，我国网民中农村人口占比28.6%，规模达 1.77 亿人，相比 2012 年增长 2101 万人。2013 年，农村网民规模的增长速度为 13.5%，城镇网民规模的增长速度为 8.0%，城乡网民规模

---

　　① 桂学文．电子商务促进经济发展的效果测度研究［D］．华中师范大学，2011.

的差距继续缩小。随着中国城镇化进程的推进，我国农村人口在总体人口中的占比持续下降，但我国农村网民在总体网民中的占比却保持上升，反映出农村互联网普及工作的成效。2013 年，中国农村互联网普及率为 27.5%，延续了 2012 年的增长态势，城乡互联网普及差距进一步减少，农村地区依然是目前中国网民规模增长的重要动力。商务类应用继续保持较高的发展速度，其中网络购物以及相类似的团购尤为明显。2013 年，中国网络购物用户规模达 3.02 亿人，使用率达到 48.9%，相比 2012 年增长 6.0 个百分点。团购用户规模达 1.41 亿人，团购的使用率为 22.8%，相比 2012 年增长 8.0 个百分点，用户规模年增长 68.9%，是增长最快的商务类应用。商务类应用的高速发展与支付、物流的完善以及整体环境的推动有密切关系，而团购出现"逆转"增长，意味着在经历了野蛮增长后的洗牌，团购已经进入理性发展时期。[1]

与传统的市场相比，电子商务市场具有更高的效率，而效率的提高是通过电子商务手段缓解或消除信息不对称条件而实现的。我国农产品标准化程度不高，更具有经验品的特征，其品质只有在使用后才能了解。网络可以通过减少收集和分享信息，提供购买前学习的新途径来减少搜寻商品和经验商品的传统差异。在电子商务条件下，由于网络打破了时空限制，消费者可以利用网络扩大搜寻范围，获取更多信息，通过网络进行交易谈判减少了谈判成本，利用信用机制的调节降低了交易保障成本、约束成本，从而使市场效率提高。可以说，消费者在利用电子商务手段的过程中获得了更多的实惠，实现了福利最大化，通过电子商务增进农产品消费在消费者购买决策中占据越来越高的比重。[2]

第四节　我国农产品电子商务主要特征

近年来，在消费结构发生巨大变化、网络购物越来越普及、消费者对于食品的安全性和高品质的需求旺盛以及政府部门高度重视等多重因素共同驱动下，我国农产品电子商务呈蓬勃发展态势。目前，我国农产品电子商务主

---

① 2014 年第 33 次中国互联网络发展状况统计报告 [EB/OL]. (2012-09-12) http://www.199 it.com/archives/187745.html.

② 桂学文. 电子商务促进经济发展的效果测度研究 [D]. 华中师范大学，2011.

要有以下几方面的特点。

一、传统农业与现代技术深度融合

农产品电子商务架起了城市和农村、小生产和大市场之间的桥梁。农产品电子商务为农产品买卖提供了新的方式和渠道，买卖双方在一定程度上摆脱了有形市场的限制，跨地域进行农产品的直接买卖，减少了因流通环节多而发生的质量损耗等现象，尤其重要的是一定程度上解决了农产品买卖难的问题，形成了品牌，增加了收入。

如浙江遂昌，在源头上实行统防统治、农户诚信联保，在质量控制上实行生态农产品电子商务服务标准化和电商农产品免费质量检测，在流通环节上健全冷链配送物流体系和可追溯体系，将传统产业与现代技术深度融合，形成以农产品为主，竹炭产品、旅游服务等为辅的电子商务产业体系，有效解决了农产品买难卖难问题，打响了遂昌原生态农产品品牌。据初步统计，遂昌农产品电子商务已经提供超过 5000 个就业岗位，直接带动 1000 多户农民发展效益农业，遂昌农民人均纯收入已连续 7 年增幅保持在 12% 以上。

二、交易规模上升快速

2013 年，相当数量的省、自治区、直辖市农产品电子商务交易额同比增长超过 100%。全国依托淘宝网、1 号店、京东等第三方平台以及个体之间的电子商务平台，实现农产品网络零售近 700 亿元。商务部与全国远程办合作，依托远程教育网络，通过网上信息对接服务，促成农副产品销售 100 多亿元。此外，生鲜农产品电子商务交易额在生鲜农产品交易总额的占比达到 1%。其中，在淘宝、天猫平台上，生鲜相关类目同比增长 194.62%，支付宝交易额超过 13 亿元。

据中国电子商务研究中心监测数据显示，截至 2014 年 11 月 11 日上午 10 点，我买网整体销售订单同比增长 400% 以上，其中生鲜品类和海外直采商品成最大黑马，同比增长分别高达 650% 和 500%。根据阿里巴巴集团研究中心的测算，2014 年阿里各平台农产品销售额由 2013 年的 500 亿元迈上 1000 亿元的台阶。

三、商务模式不断创新

据统计，2013年我国各类电子商务网站3000多个。农产品网络零售逐渐形成了淘宝、1号店、京东三超格局和顺丰优选、天猫、沱沱工社、本来生活等一大批垂直农产品电子商务网站细分市场激烈竞争的多强局面。"产地+平台+消费"、地方特色馆等创新模式不断涌现，网上销售与实体体验相结合的O2O模式成为创新亮点。

四、农产品种类受限

农产品因其所具有的鲜活性和易腐性等特点，使其可以参与电子商务平台销售的种类大大减少。以淘宝网为例，2010年涉及农产品的类目以干果山货、粮油米面、鲜花园艺为主，2011年增加了花卉蔬果、植物树木等类目，2012年增加了茶叶和生鲜水产两个大类目。从具体类目来看，在电子商务平台上销售的农产品类目主要局限为传统滋补营养品（包括蜂蜜/蜂产品、燕窝、灵芝、冬虫夏草等）、粮油米面/干货/调味品、茶叶等；生鲜类目农产品（如海鲜/水产品、新鲜水果等）无疑是增长最快的类目，2012年同比增幅达到42.06%，但其销售总量远远小于传统类目。

五、交易便捷、直观、低成本

农产品电子商务交易服务模式彻底改变了传统购物的面对面沟通方式、一手交钱一手交货的付款方式与自带农产品回家的物流方式，使交易更加方便、便捷。同时，缩短农产品供应链，提高农产品供应链的周转效率。

通过电子商务，消费者可以多角度、全方位地观察商品，快速地访问千万家经销商，以达到亲临卖场的效果。并且，网站或者平台可以实现7×24小时的经营，一次构建无限次的应用，不受时空因素影响，各种成本和风险明显降低。

第四章　我国农产品电子商务主要模式研究

　　2017 年，我国农村网店达到 985.6 万家，较 2016 年增加 169.3 万家，同比增长 20.7%，带动就业人数超过 2800 万人，[①] 农村网店的用户主要集中在农村淘宝、拼多多、云集、有赞、赶街网等平台。据阿里巴巴统计，2017 年全国有 242 个"淘宝镇"[②]，较 2016 年的 135 个增长 79%；"淘宝村"总计达 2118 个，较 2016 年的 1311 个增长 62%；全国"淘宝村"开设的活跃网店已超过 49 万个，带动直接就业机会超过 130 万个。[③] 2017 年，全国农产品网络零售额达 2436.6 亿元，同比增长 53.3%；2017 年，全国生鲜电商交易规模达 1418 亿元，较上年增长 55.2%。以天猫生鲜、京东生鲜为代表的平台电商，以易果生鲜、每日优鲜为代表的垂直电商，以盒马生鲜、永辉超市为代表的新型零售电商，以百果园、多点为代表的线下企业转型电商等，继续推动生鲜电商市场拓展，加快模式转型。

第一节　典型的农产品电子商务模式

一、企业与消费者之间的电子商务（B2C 模式）

　　企业与消费者之间的电子商务（Business to Customer，B2C），是企业通过网上平台直接将产品卖给消费者，消费者可利用网络直接参与经济活动的形式。目前，农产品电子商务的主要模式是 B2C 模式，其发展也比较成熟。企

---

　　① "破万亿"农村电商发展之路潜力巨大 ［EB/OL］. (2018-10-15) http：//www. chinacoop. gov. cn/HTML/2018/10/15/143122. html.

　　② "淘宝村"指的是大量网商聚集在农村，以淘宝为主要交易平台，形成规模效应和协同效应的电子商务生态现象。淘宝村的网商数量应达到当地家庭户数的 10% 以上，且电子商务交易规模达到 1000 万元以上。一个镇、乡或街道符合"淘宝村"标准的行政村大于或等于 3 个，即为"淘宝镇"。

　　③ 中国农村电子商务发展报告，深度分析农村电商发展 ［EB/OL］. (2018-11-02) http：// www. sohu. com/a/272783292_ 673385.

业将农产品推上网络，并提供充足的产品资讯及便利的交易方式和配送方式。一般来说，电商企业几乎都不是农产品的生产者，企业所售卖的产品来自不同品牌商，企业的物流服务既有企业自有物流，也有其他物流企业。

农产品 B2C 模式的主要企业代表有中粮我买网、顺丰优选、易果生鲜、沱沱工社等（见表4-1），多数企业完全销售其他品牌和农场的农产品。如顺丰优选坚持从国内外原产地直接采购，打造为用户购买优质、安全美食，分享美食文化的首选平台，并通过生鲜农产品全程冷链配送降低损耗，确保新鲜度和质量安全。也有一些企业拥有一定规模的农场基地进行生产管理，所销售的产品既有其他品牌的产品，也有企业自己生产的产品。如沱沱工社，2008 年在北京市平谷区马昌营镇自建 1050 亩的种植大棚，自营种植有机蔬菜，养殖有机家禽、家畜，为打造农业电商全产业链结构，建立自营配送中心和冷链物流体系。同时，沱沱工社在自建农场的基础上，还通过联合农场、与国内外知名生鲜供应商开展合作（翠京元、维乐夫等）、直接对接实体批发市场等方式，确保网购农产品供给的稳定性。目前，这种"自有品牌产品+其他品牌产品"的方式正被逐步推广，并为较多企业采纳。

表 4-1　B2C 模式的主要代表企业情况

序号	企业名称	注册地	成立时间	主要经营品种	销售范围	质量保障
1	中粮我买网	北京	2009 年	生鲜水产、水果蔬菜、粮油米面、厨房调味、冲调品、茶叶、干货	31 个省、自治区、直辖市，共计 60 个城市	自建配送范围可享受 24 小时无条件退换
2	顺丰优选	北京	2011 年	生鲜食品、酒水饮料、零食饼干、冲调茶饮、粮油副食	31 个省、自治区、直辖市，共计 54 个城市	非食品类商品，7 天无理由退换货服务
3	易果生鲜	上海	2005 年	水果、蔬菜、水产、肉类、禽蛋、烘焙、冷冻食品	18 个省、自治区、直辖市，59 个城市	48 小时退换货
4	沱沱工社	北京	2009 年	蔬菜水果、肉类禽蛋、奶制品、海鲜水产、粮油副食、零食冲饮	31 个省、自治区、直辖市	有机认证，农场直送，自营全程冷链配送
5	多利农庄	上海	2005 年	有机蔬菜	上海、北京、成都	7 日无条件退货，15 日内可换货（生鲜类除外）

二、企业与企业之间的电子商务（B2B 模式）

企业与企业之间的电子商务（Business to Business，B2B）是指在企业之间进行的电子商务活动。通常认为，B2B 电子商务能为企业带来更低的价格、更高的生产率、更低的劳动成本以及更多的商业机会。农业 B2B 主要是根据农业供应链上各环节的企业需求的不同，实现供应链的有效整合。

农业 B2B 的交易行为主要发生在农业中介组织与批发市场之间、批发市场与批发市场之间、批发商与零售商之间等。一般单位交易规模大，物流解决能力强（物流形态一般为整车制，现有农村物流条件基本能满足），能更有效地解决一般电商形态下单位业务量偏小造成的交易成本过高、物流条件不匹配等障碍；同时，通过专业采购商的理性采购需求的传递，倒逼农产品生产的标准化，催生农产品的规模化、品牌化生产，提高农产品供给质量。[①] 例如，美菜网通过重资产的自营模式，将食材直接从农户或者供应商处运到美菜的分拣仓库，再由美菜向 B 端的餐饮企业进行运输分发。美菜网还推出了"供应商入驻平台"功能，对于入驻美菜商城的食材供应商，美菜不仅为其开放平台，也提供仓储物流系统。[②] 也有一些大型农产品批发市场，初具农业 B2B 交易形态。例如，山东寿光蔬菜批发市场在山东金乡、寿光的孙家集、青岛、潍坊、临沂、日照和江苏邳州设立分交易厅；新发地农产品电子交易中心形成了现货挂牌交易、现货竞价交易、在线产品交易、节日礼品卡、网络商城等多种交易模式，一定程度上整合了一些社会资源。

三、消费者与消费者之间的电子商务（C2C 模式）

消费者与消费者之间的电子商务（Consumer to Consumer，C2C），就是通过为买卖双方提供一个在线交易平台，使卖方可以主动提供商品上网拍卖，而买方可以自行选择商品进行竞价。

随着淘宝、京东等大型的电子商务企业的发展，这些电商企业同时也为其他中小型农产品生产企业提供了产品交易的平台。从根本上说，C2C 模式

---

① 2018 中国大宗农产品市场发展报告［EB/OL］.（2018-09-30）http：//www.ebrun.com/20180930/299760.shtml.

② 农产品 B2B 又烧钱又难做，为何这些企业却停不下来？［EB/OL］.（2018-11-23）http：//wemedia.ifeng.com/94455497/wemedia.shtml.

的农产品电商也是一种 B2C 模式，只是由于这些中小型农产品生产企业缺少一定的资本进行电子商务网站的运作与管理，因而借助大型的电子商务平台进行产品的宣传与网络交易。2013 年，在阿里平台上经营农产品的卖家数量为 39.4 万个，其中淘宝网（含天猫）卖家为 37.79 万个，相较 2012 年的 26.06 万个，有了 45%的增幅。2013 年各类合作社通过淘宝网进行农产品网络销售，已经从零星变为趋势。截至 2013 年底，申请入驻淘宝生态农场的合作社数量为 452 家，分布在全国 25 个省市区。[①] 邓冬梅（2018）认为，由于村民文化素质及年龄等限制以及农副产品 C2C 模式简单易学等因素，C2C 模式更适合农副产品销售。[②]

借助大型电商平台开展 C2C 农产品交易，一方面促进了一些特色农产品生产经营企业的发展，另一方面也拓展了电商平台的企业资源。但是这种模式也有一定的不足，电商企业一般只为企业提供交易平台，所涉及的物流服务需要生产经营企业负责，可能会造成较长的配送周期；同时，这种交易链条的延长会造成农产品质量安全缺少监控保障。而且，在 C2C 模式下交易双方的信息不对称程度相对更大，网络购买次数较多、购物经验较丰富的消费者才更加懂得如何利用质量信号对产品质量进行辨别（岳柳青、刘咏梅、陈倩，2017）。[③] 因此，C2C 模式下农产品的质量安全是非常重要的影响因素。

四、线上与线下相结合的电子商务（O2O 模式）

线上与线下相结合的电子商务（Online to Offline，O2O），将农产品购买、交易、体验通过线上与线下相结合，把互联网与地面店完美对接，实现互联网落地。消费者既可以在现场购买生鲜食品，也可以到网上下单的取货点取货。O2O 模式关注消费者的感受、体验，增加了消费者之间、线上线下之间的互动。

由于受农产品特征独特以及标准化问题，季节、产地等自然条件限制等因素的影响，尤其是客户对农产品质量安全的高度重视，农产品电子商务得

---

① 阿里农产品电子商务白皮书（2013）。

② 邓冬梅.互联网+农副产品 C2C 模式构建研究——以螺洞村电子商务精准扶贫为例 [J]. 金融经济，2018（24）：35-36.

③ 岳柳青，刘咏梅，陈倩.C2C 模式下消费者对农产品质量信号信任及影响因素研究——基于有序 Logistic 模型的实证分析 [J]. 南京农业大学学报（社会科学版），2017（2）：113-122+153-154.

到线下发展。O2O 模式可以很好地解决消费者对线上产品的信任问题，交易也可在线下完成，增加了线下的消费数量。通常，企业可以依托自身建立的渠道，一方面发展自建实体店，另一方面联合当地各类形式的合作商进行加盟和合作，构筑产品网络节点。例如，"舟山电子菜场"以新的 O2O 商业模式为载体，以生鲜直投站为社区服务点，利用互联网、电子商务等"智慧技术"为家庭提供生鲜农产品，形成了集种植、采摘、分拣、包装、配送于一体的产业链，由农业生产基地直供地产生鲜至社区，短途冷链配送，直投电子智能保鲜柜保鲜，减少流通环节，有效降低供应成本，从农产品基地到餐桌全程监控农产品质量，全方位保障食品安全。

O2O 模式对生鲜农产品物流的安全性、冷链化、高效性、便利性和精细化产生更高的要求，在发展过程中应注意完善冷链物流体系，通过产销对接减少中间环节以降低运输费用，加强与冷链物流企业合作以保持远距离配送农产品的新鲜度等措施（吴静旦，2019），[①] 保障 O2O 模式的有效运行。

第二节　北京市农产品电子商务的主要模式

一、B2C 模式

目前，B2C 模式是电子商务领域最主要的经营业态，其面向的市场领域也最广泛。对于农产品电子商务，B2C 模式又存在不同的经营形式，如以本来生活、顺丰优选等为代表的电商，其自身不种植、饲养任何产品，所售卖的产品来自其他品牌商和农场。而以沱沱工社为代表的是"自有农场+B2C"的经营形式，企业自身承包一定面积的农场进行生产养殖，然后通过自建的 B2C 网站进行销售，所售卖的产品既包括自己的产品，也包括其他品牌商的产品。

本来生活、顺丰优选这类电商网站，其主要特点是有丰富、稳定的供应商，能够实现基地直供的无缝储运，具有较大规模的网站流量，市场规模较大。但是由于产品主要来自合作供应商，产品质量安全的风险也较大。为此，

---

① 吴静旦. 基于 O2O 模式的生鲜农产品冷链物流配送网络创新研究［J］. 农业经济，2019（7）：133-134.

顺丰优选上线后,其定位主要是做专业的中高端生鲜电商,专注原产地采购、国内外直采以保障正品。全力打造全程冷链,以专业冷链存储运输,专属物流快速送达,保障生鲜美食品质无忧,原汁原味新鲜到家。

沱沱工社承包了约1500亩农场,种植一些时令蔬菜、瓜果,并散养一些土鸡、土猪等牲畜,其主要特点是一定程度上能够提供可掌控质量的健康食物,较快地建立了消费者的信任感。但是,由于无法满足消费者多样化的消费需求,市场有限。

二、"家庭会员宅配"模式

"家庭会员宅配"模式主要是通过家庭宅配的方式把自家农庄的产品直接配送到个体会员。一般是生产者在具备一定的规模化种植及饲养能力后,通过网络或媒体发布产品供应信息,会员通过网络或媒体提供的信息渠道提前预订需要的产品,待产品生产出来后再按照预订需求配送到家。因此,这类模式的主要盈利来自家庭会员的年卡、季卡或月卡消费。通过这类模式经营的既有顺丰优选、沱沱工社这样的专业农产品电商,也有类似于京合农品这样的依托于农业集团且面向团体顾客的企业。这种模式的主要特点是,企业前期需拥有一定的资金和较为固定的市场,具备自建冷链物流体系或整合优势冷链物流资源的能力,消费者一次性投入资金额度较大。所有这些特点的存在,都以确保产品的高品质和质量安全为重要前提。

以北京王木营妫川源为例,其经营理念是以食品安全为先决条件,以自产优选为基本原则,以健康安全为首要目标,从源头控制种植到配送的所有环节,以确保有机蔬菜从田间到餐桌的全过程质量安全。王木营妫川源有机生产基地种植轮采取四年八制,其蔬菜品类见表4-2。

表4-2 妫川源生鲜有机农产品种植品种

蔬菜	茄科蔬菜	菊科蔬菜	伞形花科蔬菜	百合科蔬菜	葫芦科蔬菜	豆科蔬菜	禾本科蔬菜	十字花科蔬菜
品种	茄子 番茄 辣椒 土豆	莴笋 生菜 莜麦菜 茼蒿	胡萝卜 香芹 香菜 茴香	大蒜 葱 姜 洋葱	黄瓜 西葫芦 南瓜 冬瓜 西瓜	豆角 花生 大豆 豇豆	甜玉米 糯玉米 竹笋	白菜 油菜 乌塌菜 球茎甘蓝 大萝卜 菜心 菜花

王木营妫川源有机种植基地采用科学的种植方法，最大限度地利用有限的土地资源进行生产种植，其轮种计划如图4-1所示。为突出有机蔬菜种植特点，妫川源坚持有机蔬菜生产和常规蔬菜生产的区别（见表4-3），在有机蔬菜种植中严格按照生产标准执行生产。

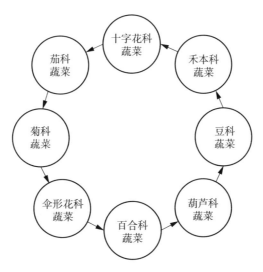

图4-1　妫川源蔬菜轮种计划

表4-3　有机蔬菜和常规蔬菜种植区别

生产操作	有机蔬菜	常规蔬菜
种子选择	有机种子	常规种子
种子处理	温汤烫种	药剂浸泡
施肥	有机肥，秸秆，生物菌剂，高温发酵禽畜粪便	化肥，常温发酵畜禽粪便
防病	农业物理措施	化学农药
治虫	农业物理措施	化学农药
除草	人工拔草	化学除草剂
采收	按标准收获	高产收获
质量保障	全流程管控	无
包装	检测报告	无
出售	保鲜膜密封	无
追溯	绿色履历	无
基地环境	远离污染源	无

资料来源：妫川源生产基地实地调研（2015-7）。

在生产过程中，其有机蔬菜生产执行国家（国际）标准，其生产基地对于栽培空气质量、生产灌溉水质量、生产土壤肥量都有严格要求（见表4-4）。

表4-4　妫川源有机蔬菜生产基地执行标准

栽培空气质量标准（不准超过，mg/m³）	生产灌溉水质量要求（不准超过，mg/L）	生产土壤肥料中（不准超过，mg/kg）
二氧化硫 0.06 总悬浮颗粒物 0.20 可吸入颗粒物 0.10 过氧化氢 0.08 臭氧 0.2 铅 1.5 氟 3.0	含盐量 1000 氢化物 250 硫化物 1.0 总汞 0.001 总镉 0.005 总砷 0.05 铬 0.1 总铅 0.1 总铜 1.0 总锌 2.0 总硝 0.02 pH 值 5.5~5.8	镉 0.60 汞 0.50 砷 30 铜 100 铅 300 铬 200 锌 250 镍 50 六六六 0.50 滴滴涕 0.50 粪大肠杆菌数群不超过 1000 个/L 蛔虫卵 2 个/L pH 值 6.5~7.5

三、"订单农业"模式

"订单农业"模式主要在北京、上海等一线城市，由一些小型农场经营者尝试经营。经营者自行经营农场，通常承诺用最天然的方式种植，主打"有机牌"，在产品开始种养殖前接受预订，消费者提前支付一定的费用，产品成熟后再配送。这类经营者受规模所限，并没有投入巨资建立电商平台，多是依托淘宝网或微信等平台进行销售。

"订单农业"模式的主要特点是消费者在决定购买产品之前需要先了解和信任经营者，因为采用预支付的方式对于消费者而言风险较大，而且主打"有机牌"的"订单农业"模式使农产品质量主要靠天气变化决定收成，不确定性较大。"订单农业"模式的顾客主要以亲朋好友为主，市场规模小，相比较配送成本较高。

四、O2O 模式

O2O 模式主要由具有丰厚资本及一定规模市场的大型电商企业经营，通过线上与线下相结合的电子商务，把传统流通体系和电商流通体系整合起来。O2O 模式有两种类型：一种类型是通过线上长期经营积累了较多的流量和顾客后，由线上向线下发展，一般是电商在线下铺设社区提货点或开设体验店，或者通过电商整合线下实体店资源实现；另一种类型是通过线下的长期经营掌握了稳定的生产供应渠道和一定的社区门店，在此基础上开通线上购物渠道，由线下向线上发展，如农场 O2O 模式或超市自建 O2O 电商平台。

由线上向线下发展，有利于增加消费者体验，也有利于解决"最后一公里"问题。由线上向线下发展可培养消费者消费习惯，如"盒马鲜生"通过设立体验店，消费者可在线下了解相关信息，增加直观体验。也有电商通过在社区开设实体店，近距离与顾客沟通，增加了对顾客的吸引力，如厨易时代在社区建"厨易站"，根据不同顾客需求销售不同产品。由线下向线上发展，有利于开拓销售渠道，如农场 O2O 电商可使生鲜农产品的生产者和消费者直接对接，减少了中间环节，保证了生鲜农产品的品质和安全性。而超市自建 O2O 电商平台，可利用线下实体门店的优势吸引线下消费者线上购买，如永辉超市目前可以通过电商平台"永辉微店"订货（张浩、崔炎、于雷，2018）。[1]

第三节　其他省市农产品电子商务的主要模式

一、山东寿光蔬菜电子商务

近年来，山东寿光市紧紧围绕"全省进前列，百强上位次"的发展目标，不断调整优化农业结构，全面推进农业产业化、标准化、国际化进程，促进了全市农业农村经济的快速发展。寿光市蔬菜产业已形成种植区域化、专业生产化、社会服务化、产销一体化，实现了蔬菜产业化。农民收入的 70% 以上来自蔬菜，"品牌蔬菜"带动了寿光农业产值的增加，由此也带动了寿光工业等其他产业的发展。

2003 年 10 月，山东寿光批发市场敲响了国内农产品电子拍卖的第一槌，

---

① 张浩，崔炎，于雷. 生鲜农产品电商 O2O 模式的比较 [J]. 江苏农业科学，2018（17）：307-315.

第一宗以电子拍卖方式交易的蔬菜正式拍出。① 山东寿光批发市场蔬菜电子拍卖中心占地面积2.7万平方米，电子拍卖大厅占地面积430平方米，有288个座次，日交易量达100多万斤，市场交易方式领先，交易流程实行"一卡通"结算，实现了蔬菜交易电子化。目前，山东寿光批发市场交易品种齐全，南果北菜、四季常鲜，年上市蔬菜品种300多个，是中国最大的蔬菜集散中心、价格形成中心、信息交流中心和物流配送中心。

2003年，山东寿光蔬菜批发市场与深圳农产品股份有限公司合作，组建了寿光蔬菜批发市场有限公司，实现了南北两大农业龙头的强强联合。山东寿光批发市场通过建立从生产基地到批发市场，从配送中心到连锁超市的农产品生产、流通、消费链条，与全国200多个大中城市农产品市场及国家机关、大型企业开展了直供直销、连锁经营、配送业务，产品销往10多个国家和地区。寿光市注重信息技术在蔬菜产业领域的渗透，建立了电子交易平台，实现了蔬菜产业电子商务化，取得了显著成效，推动了蔬菜产业升级。目前，该市场正在进一步拓展服务内容，完善营销机制，提高网上交易层次，打造面向全国的蔬菜物流中心，搭建通向国际市场的信息交流平台，整体提升国际竞争力。

山东寿光市场流通网络健全。多年来，山东寿光市围绕搞活第三产业，促进农村经济发展，建立完善了以市区蔬菜批发市场、生产资料市场、种子市场为主，以重点乡镇蔬菜、果品、食用菌等12个专业市场为补充的农产品流通体系。全市农贸批发市场26处，集贸市场186处，建设农产品超市、连锁店100多家，发展蔬菜经营公司400多家，蔬菜运销专业户、经纪公司等中介组织1.7万个。② 其中，寿光蔬菜批发市场先后在山东金乡、青岛、潍坊、临沂、日照、寿光的孙家集和江苏邳州设立电子交易市场交易厅，在全国各地设立代办处和信息处20多个。该市场作为全国第一家蔬菜网上市场，是国家重点扶持的国家级现代化市场示范项目，被全国电子信息系统推广办公室列为全国"首批信息技术应用示范工程"，也是"山东省信息化建设示范工程"。该市场网站"寿光蔬菜网"（中国蔬菜市场网）先后进入"中国农业

① 蔬菜交易发生重大变革，山东敲响电子拍卖第一槌［EB/OL］.（2003-10-29）http：//www.people.com.cn/GB/paper39/10499/955466.html.
② 关于山东农业产业化发展情况的考察报告［EB/OL］.（2019-04-18）https：//wenku.baidu.com/view/81655b9b590216fc700abb68a98271fe900eafd7.html.

网站 100 强"和"中国电子商务网站 100 强"。

二、浙江舟山电子菜场

舟山市菜篮子服务有限公司、舟山市惠众农产品配送有限公司是舟山市商贸集团有限公司的全资子公司，分别成立于 2012 年 9 月和 2010 年 6 月。公司本着"繁荣市场、调控菜价、服务民生、普惠大众"的经营宗旨，以保障市场供应、平抑市场物价为主要经营目标。目前，公司拥有平价直供点 33 家，员工 300 多人，蔬菜配送车辆 11 辆，2013 年线下直供点年销售额达到近 7000 万元，2014 年线下直供点计划销售 1 亿元，蔬菜日配送量 50 吨左右。直供点网络遍及定海区、临城区、普陀区、岱山、六横、嵊泗六个区域，具体分布定海区 16 家、临城区 3 家、普陀区 9 家（其中普陀山 1 家）、岱山 2 家、嵊泗 2 家、六横 1 家。

舟山电子菜场是舟山市菜篮子服务有限公司创立的生鲜直投项目，利用互联网、电子商务等"智慧技术"为家庭提供生鲜农产品，以 O2O 商业模式为载体，以生鲜直投站为社区服务点，由农业生产基地直供产地生鲜农产品至社区，短途冷链配送，直投电子智能保鲜柜保鲜，从农产品基地到餐桌全程监控农产品质量，全方位保障食品安全。舟山电子菜场通过多媒体自助终端、互联网、3G 无线网络及生鲜电子菜箱，为居民搭建惠民平价，实行产销对接，专业经营"三品一标"（无公害农产品、绿色食品、有机食品、地理标志农产品）的生鲜产品；形成集种植、采摘、分拣、包装、配送于一体的产业链，减少流通环节，有效降低供应成本。

舟山电子菜场用制度化的农产品检测机制，全程检测食品质量安全，为追求健康品质生活的家庭提供优质生鲜配送服务。消费者可通过舟山电子菜场官网、自助终端、手机应用、400-0580-789 免费服务电话四种途径 24 小时不限时订购生鲜食品，以支付宝、银行卡、惠众 VIP、现金等多种方式进行支付，满足了各类消费人群的购买及支付需求。舟山电子菜场为中国城市化进程中的市民提供了优越的生活品质，创造了"鲜滋味、鲜营养、鲜生活"的家庭生鲜消费"三重鲜"体验，将平淡的家务时光变成了享受家庭美好生活的新方式。目前，舟山电子菜场电子商务网站拥有注册会员 2000 人，手机微店关注人员 3000 余人，经营品种包括蔬菜、水果、水产、肉禽、豆制品、粮油副食、干货、酒水、休闲食品、日用百货，上架单品已达到 1000 余种，

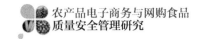

小区生鲜直投点 4 家。

　　舟山电子菜场联合舟报物流，采用宅配和智能柜直投配送两种模式，隔日配送，一日二配，并采用短途冷链配送。电商配送加工点人员按订单采用 RF 拣货设备进行拣货、加工、包装，并通过物流配送中心按送货地址进行区域分装，由投递员送货到户和送货到小区生鲜直投柜。利用物联网技术，实现农业生产基地、生鲜冷链中心、智能电子菜箱的物联互通，可全程控制商品的配送过程，确保商品的新鲜状态，实现最快四个小时内交付。客户通过舟山电子菜厂网站或手机短信还可以及时了解商品到货时间，通过智能开柜卡和手机短信取货密码随时取鲜，自由掌控鲜生活。

　　为更好地将平价、优质生鲜配送到家，提升配送服务质量。舟山电子菜场支持 24 小时下单，每日 24：00 前下的订单，取货时段可选择次日、后日、第四日上午或下午。配送时段：上午是 9：30—12：00，下午 15：00—18：00。客户无须担心菜品的新鲜度等问题。并且，舟山电子菜场通过舟报物流的冷链物流体系，确保每日全部食材采用短途直达配送的 100% 送达率，确保市民餐桌绿色健康，让居民可以随时享受快捷服务。

三、上海"菜管家"

　　上海"菜管家"自 2008 年以来开始改变经营模式，创新式地为各类农产品相关企业提供农副产品团购服务。2009 年 7 月以来，"菜管家"又加推新的网上购物方式——个人在线订购服务。当前，"菜管家"推出了近 2000 种农产品，其中与人们饮食相关的有蔬菜、瓜果、水产品、各种肉类、粮油、特殊土特产、南北特色食品、各种调味品等应有尽有的全方位农产品，共八大类三十七小类。一方面，"菜管家"与三千多家大中型企业建立合作关系，为其长期提供节假日各种福利产品和特殊商务礼品服务；另一方面，"菜管家"也拥有大约两万个个体固定客户，为其提供优质的网上订购和电话订购服务。另外，"菜管家"按照 GMP（Good Manufacturing Practice）储基地，投资兴建了企业资源计划、客户关系管理体系、办公自动化系统，并构建了 COD（Cash On Delivery）和利用网银在线支付的结算系统，满足了广大客户对支付安全性、便捷性的要求。

　　"菜管家"主要为位于上海的各类农产品企业以及白领个体提供了四种服务，包括包月、包年、"两人份"、"三人份"。"菜管家"将会第一时间依据顾客的需求，将产品送货上门。"菜管家"还在其网站上开设了单独的版块，顾客可以将自己及家人身体健康信息输入到这个单独的版块中。"菜管家"单独聘请的营养专家将会对这些数据进行综合分析，为每个人提供适合自己的膳食搭配。"菜管家"通常是礼品券的方式为企业及其员工提供服务。企业通过向"菜管家"购买大量优惠的礼品券，每逢节假日作为福利和奖品发放给员工，激励员工。员工则根据自己的喜好以及家人的意愿，在"菜管家"网上挑选适合自己的各类农副产品，这样"菜管家"、企业和员工三方都能受益。

"菜管家"在产品的源头环节采购上采用与个体农户、农产品专业合作组织以及当地大型农产品加工企业合作的策略，公司派出指定人员采取上门采购的方式，帮助农户更好地进行农产品的筛选和分拣，并且提供统一包装，用最短的时间为公司采购大量优质农产品，为公司的产品销售打下坚实的基础。同时，企业也与网络信息运营商合作，为农民配备专用的信息沟通工具，更好地了解农产品的信息。另外，公司与农户的合作扩展到优质良种的选择与购买领域，通过与专业的良种生产企业合作，为农户提供更加优质的良种，也能更好地为种子生产企业进行良种的宣传和促销。

"菜管家"的产品配送主要是与第三方物流配送公司进行密切合作，实行随定随送的产品送货模式。客户通过网络平台确认购买产品后，客户服务人员会及时处理订单信息，以最短的时间将客户所需产品包装好，通知第三方物流配送公司以最快的时间将农产品送到客户手上。"菜管家"网上直销的所有农产品中，有部分农产品是经过自己简单加工成半成品，然后打上自己的品牌，同时在网站开设单独的版块，代销部分知名品牌的农产品。其代为销售的其他大米品牌就含有"锦菜园""美裕"等多个知名的品牌。

第五章 我国农产品电子商务发展的影响因素分析

第一节 制约农产品电子商务发展的直接因素

农民组织化程度低、农业企业信息化水平不高、农户对农产品电子商务认识不足、农产品保鲜与物流发展不成熟等是制约农产品电子商务发展的直接因素。

一、农民组织化程度低

当前我国农民组织化程度较低，农民作为农业经营主体的主要部分，基本上处于分散、自我封闭、小规模经营状态，经济实力弱，信息运用能力差，难以掌握现代化农业生产方式，对农产品电子商务这一现代农产品营销方式接受困难。因此，只有提高农民组织化程度，让农民自发组织并加入农民专业合作组织，形成规模较大的市场竞争主体，才有能力运用现代化的市场营销手段，促进农业增效、农民增收。

我国农户进入流通市场的组织化程度低，在保鲜、加工、分级、包装和贮运等环节缺乏有效的中介组织，在交易规则、检疫制度、结算电子化等方面仍然存在着诸多问题。这些问题的存在和对农民合作经济组织的重要性认识不足有很大关系。在实际市场操作过程中，农产品市场价格形成中心多集中在销区，农民或者农民团体未能直接将农副产品运送至连锁零售业包装配送中心以及消费大户，因中间环节过多造成了农业生产者和消费者未能同时受益。此外，农户在农业生产上的比较收益降低，农民专业合作社规范性差、组织规模小等也是农民组织化程度低的表现。

二、农业企业信息化水平相对较低

农业企业应用电子商务开展网上营销已经成为一种普遍现象，但是实现农产品全程电子商务化难度仍较大。全程电子商务是以农业生产和流通为中心而发生的一系列电子化的交易活动，包括农业生产的管理、农产品的网络营销、电子支付、物流管理以及客户关系管理等农业电子商务活动，我国农业企业的信息化程度只能支撑其中部分环节的电子商务化。

农产品具有季节性、区域性的特点，生产过程受环境因素影响大，这些也加大了农业企业信息化的难度。

三、农户对农产品电子商务认识不足

电子商务是在信息时代发展起来的一种新型商务模式，与信息技术、商业经济、管理、法律等多个学科相联系。而农业是受国家保护的弱质产业，政府部门应该制定规划和政策，加强立法，增加投资，在农业信息化建设上发挥主导作用。我国农民普遍文化水平低，掌握网络信息技术和电子商务知识的难度大；我国农村人口多、基础差，农村教育相对落后，造成了农民文化素质偏低；同时传统的生产方式和交易方式也禁锢着农民的思想，从而导致农民学习和掌握网络信息技术和电子商务的难度极大。

通过调研134个村的村干部，发现仅有8.21%的村开展了农产品电子商务，91.79%的村没有开展农产品电子商务（见表5-1）。进一步对33个村的村干部调查发现，村里农产品通过网络销售占农产品总销售量的比重很低。96.97%的村干部表示"村里农产品通过网络销售占农产品总销售量的比重低于20%"，并且81.82%村干部表示"村里农产品通过网络销售占农产品总销售量的比重低于5%"（见表5-2）。

表5-1　所在村开展农产品电子商务的情况

选项	样本数（份）	比例（%）
是	11	8.21
否	123	91.79
本题有效填写人次	134	

表5-2　村里农产品通过网络销售占农产品总销售量的比重

选项	样本数（份）	比例（%）
低于5%	27	81.82
5%~20%	5	15.15

选项	样本数（份）	比例（%）
20%~50%	1	3.03
超过50%	0	0
本题有效填写人次	33	

四、农产品保鲜与物流发展不成熟

我国的农产品保鲜技术起步较晚，与发达国家的差距很大。目前我国农产品保鲜与物流的市场经营规模小而且分散，农产品在配送的过程中具有易腐性、时效性等问题，保鲜技术的落后严重影响农产品电子商务市场的发展。

农产品物流配送主要存在两大问题：一是物流配送地点的限制；二是物流配送质量的保证。物流是农产品经营者从事电子商务的关键因素，目前大多数物流配送只能达到市县一级，且对于宁夏、云南、新疆、甘肃、黑龙江、贵州、青海等边境省区，物流配送限制颇多。另外，相比发达国家，我国农产品冷链运输率一直处于较低水平，由于生鲜农产品的特殊性，对于具有冷藏、低温储运等功能的农产品冷链系统的需求亟待解决。

第二节　制约农产品电子商务发展的间接因素

农产品质量安全标准体系建设滞后、农村信息化基础设施区域间不平衡、农村信息技术人才匮乏等是制约农产品电子商务发展的间接因素。

一、农产品质量安全标准体系建设滞后

我国农产品质量安全标准体系建设滞后，不能适应市场经济发展和农产品质量安全监控的需要。我国现行的农产品质量安全管理工作由国家和地方政府共同负责，由于地方政府有权制定自己的规章和标准，地方的农产品安全管理机构运行经费由地方财政负担，因此这些管理机构关注的更多是本地区利益。从具体管理手段与措施看，在农业投入品管理、农产品包装标识与市场准入制度等方面管理力度较弱，缺乏严格的农业投入品管理制度，农、兽药残留和添加剂等成为目前我国农产品的质量安全方面的

主要问题。

在农产品质量安全体系的建设中，法规制度体系也亟待完善。一是农产品质量安全风险信息披露制度有待完善。我国应通过法律形式建立农产品质量安全风险信息公开披露制度，通过各种宣传媒体向群众发布。这个制度的建立，不仅可以使相关部门及时采取措施避免风险危害的扩散，而且可以使广大消费者及时规避有害风险，最大限度地减少风险危害带来的损失。二是法律责任惩罚力度不大。虽然我国已于 2006 年出台《农产品质量安全法》，但在法律责任方面惩罚力度仍然不足以震慑违法违规者，多数处以罚款或停止销售，还缺乏专门的法律法规从生产、加工、储藏、销售等从田间到餐桌的各个环节的生产经营行为和相应社会关系的系统性方面立法。三是市场准入制度缺失。我国《农业法》中并没有明确定义市场准入的概念，《对外贸易法》《进出口动物检疫法》《种子法》《产品质量法》和《农业转基因生物进口安全管理办法》对农产品市场准入的立法虽有所涉及，但概念不够清晰。我国在农产品市场准入制度方面仍存在专门法律法规少、层次不清晰和体系不健全等问题，部分准入制度只是零散的在中央和地方的法律规范性文件中略有体现。

二、农村信息化基础设施区域间不平衡

农村信息化是农业电子商务发展的基础。我国经济发达地区农村信息化基础设施建设良好，欠发达地区农村信息化基础设施建设不足。尽管近年来在国家的政策支持和大量项目推动下，我国农业农村信息化基础设施建设有所加强，但大部分区域在通信速度、资费水平、信息内容、安全和保障条件各方面都难以适应高速发展的电子商务的需求。

以我国互联网建设为例，虽然在近几年有了飞速的发展，网民数较发达国家并不逊色，但是互联网覆盖面极不平衡，我国的互联网用户主要集中在城市，而农村覆盖率则较低。2014 年，阿里巴巴基于其数据平台，推出阿里巴巴电子商务发展指数，该指数也从侧面反映各个地区的电子商务发展形势。其取值介于 0 ~ 100 之间，数值越大，表明电子商务发展水平越高（见表 5-3）。

表5-3 各个地区的电子商务发展指数

排名	省市	电商发展指数	排名	省市	电商发展指数
1	北京	27.95	18	湖南	9.32
2	上海	27.16	19	陕西	9.24
3	浙江	22.29	20	安徽	8.89
4	广东	18.53	21	贵州	8.81
5	海南	16.63	22	山西	8.62
6	福建	15.72	23	河北	8.61
7	江苏	15.51	24	内蒙古	8.60
8	天津	15.31	25	江西	8.59
9	新疆	13.92	26	宁夏	8.55
10	台湾	13.85	27	广西	8.49
11	西藏	13.22	28	吉林	8.44
12	湖北	10.98	29	黑龙江	8.26
13	辽宁	10.71	30	云南	8.28
14	重庆	10.23	31	河南	7.69
15	山东	10.07	32	甘肃	7.20
16	四川	9.77	33	香港	6.83
17	青海	9.57	34	澳门	6.01

从表5-3中可以看出，东部地区的互联网覆盖率较中西部地区高，所以其电子商务发展指数相对而言也比西部地区要高很多。而目前来看，全国主要农产品供应方都集中在这些中西部地区。这一方是急需要利用电子商务来解决其产品销售、市场价格等问题，获得相应收入。因而，互联网在中西部地区发展尤为重要。信息化基础设施建设的区域间不平衡将不利于我国农产品电子商务的发展。

通过对134个村的村干部调研发现，47.76%的村干部表示所在村"有网络接口，但是网速慢，上网不太方便"，23.13%的村干部表示所在村"无线网络连接不太顺畅"，6.72%的村干部表示所在村"无互联网接口"，说明农村信息化建设在一些地方还很落后，有待进一步加强。

三、农村信息技术人才匮乏

目前，我国农民的整体文化水平较低，农村基层政府和农民专业合作组织缺乏掌握信息技术的人才，常常出现信息设备和平台功能闲置的现象。农产品电子商务需要掌握现代农产品知识、商务知识和网络技术的现代农民和既精通网络技术，又熟悉农业经济运行规律的专业人才。由于农业劳动报酬低，经济效益低，难以吸引和培养专业人才，造成农产品电子商务的应用水平较低，阻碍了农产品电子商务的发展。

作为电子商务最重要的一个交易环节，即供应环节，是整个交易得以开始的前提。然而这个环节中最重要的主体——农民，对于网络知识了解的程度较低，并且不会使用网络去进行宣传。截至 2009 年，我国农村网民规模达到 10681 万人，但与 71200 万人的农村居民相比，互联网普及率仅为 15%，与城镇 44% 的普及率相比有很大的差距。受经济、文化程度的制约，相当多的农民没有条件及时、直接地从网上获取信息，也没有能力对获取的信息进行筛选。农民文化知识的欠缺直接影响到电子商务的发展，因而普及互联网知识，提高农民文化程度也是目前所要关注的。

第三节　生鲜食品电子商务发展面临的主要问题

一、冷链物流短板

生鲜农产品电子商务的良性发展，其关键在于全程"无断链"的冷链物流体系建设，发展覆盖生产、储存、运输及销售整个环节的冷链系统，实现生鲜农产品从产地到销地的一体化冷链物流运作。生鲜电商物流尤其要关注四个方面：①确保生鲜农产品跨地区保鲜运输；②确保生鲜农产品反季节销售对低温储藏保鲜水平的要求；③满足消费者对生鲜农产品的质量安全，多样化、新鲜度和营养性等方面的要求；④实现全程"无断链"，提升品质且减少营养流失。

从目前我国农产品冷链物流的发展状况看，冷链物流依然是生鲜电商面临的主要短板。尽管 2015 年果蔬、肉类、水产品的冷链流通率分别达到22%、34%、41%，冷藏运输率分别为 35%、57%、69%，但是还存在着专业服务能力较弱、行业集中度低、预冷环节缺失、运输效率不高、缺乏一体化冷链物流运作等问题。根据我们在北京市的调研，农产品生产区域的村庄，其物流条件都不好，只有 20% 的村庄具有使用专业物流（快递）的条件，而

100%的村庄都没有冷链物流条件。农民合作社的物流条件相对较好，但冷链条件还是欠缺。开展农产品电商的合作社中有58%具有使用专业物流（快递）的条件，33%的合作社缺乏专业物流（快递）条件；而有冷链物流条件的合作社占14%。因此，尽管生鲜农产品电子商务的快速发展带动了农产品冷链物流的发展，但是，从生鲜农产品电子商务发展本身对冷链物流的需求来看，建设覆盖生产、储存、运输及销售整个环节的冷链系统和全程"无断链"的冷链物流体系依然任重道远。

二、供应链脆弱

通过生鲜农产品电子商务方便、快捷地实现生鲜农产品的购买选择和消费，是新时期消费者选择生鲜电商的主要原因。面对消费者的需求，却有众多中小电商纷纷倒闭，甚至一些大的生鲜电商也出现各种危机，很大程度上是由于生鲜电商供应链的脆弱性还没有发生根本改变。生鲜电商供应链的脆弱性除了受冷链物流条件影响之外，小规模农户和农民合作组织的影响也不容忽视。

目前，生鲜农产品生产一方依然以小规模农户为主。小规模农户典型的生产经营特征是经验性、盲目性，缺乏市场观念，短期行为比较严重。生产受制于规模小，产量规模也难以达到相当水平，进而造成众多农户同一产品的情况，缺乏品质多样性，质量也不统一，难以实现标准化生产。与农户和电商企业密切联系的农民合作组织，在理论上是农民提高生产的组织化和集约化程度、提升农业生产的规模效应和边际收益、联合抵御系统性农业风险的重要载体。但是，我国农民合作组织的发展现状明显落后于农产品市场化发展速度，存在组织规模小、资金人才缺乏、品牌建设滞后、内部治理不规范、职能不完善等现实问题。以北京市的调研为例，农民合作组织在推进农产品电子商务过程中遇到主要的困难有：缺乏网络营销和技术人才，占比64%；缺少资金，占比64%；内部管理理念跟不上，占比22%。

三、电商成本较高

面对生鲜农产品电商市场的巨大空间，却有众多的生鲜电商企业处于亏损状态，充分显现了生鲜电商的高额成本。

生鲜农产品的生产受季节、时令和品种的限制，不仅产品的体量小，通常一致性也较差。电商产品的高性价比要求，使得品质好的生鲜农产品大多用于电商售卖，其在源头获得生鲜农产品的成本明显高于线下售卖的产品。生鲜农产品的易腐性、易损性，必然使其在仓储、运输以及终端销售过程中损耗率较高，2013 年我国生鲜农产品在物流环节上的蔬果损耗率达 25%、肉禽类 12%、水产品类 15%。较高的损耗率本身会增加成本支出，而为了防止货损，150 元的水果订单，履约成本可能要到 30 元左右。目前，生鲜电商所依托的冷链物流成本很高，冷链初期投入和后续运营成本都高于普通仓库，建一座中型冷库成本至少 2000 万元。同时，1 平方米冷库运营月耗电至少为 20 元。另外，冷链运输成本也比普通车辆高出 40%~60%。因此，几乎所有电商在销售生鲜食品时，只能选择附加值高的产品销售，单品价格一般在几元钱左右的小零售所产生的利润根本无法覆盖运营成本。

四、基层建设推进较慢

根据我们在北京和内蒙古的调研来看，经营理念、技术人才、物流基础是基层推进生鲜农产品电商最大的阻碍。北京的调研显示，村里通过电子商务进行生鲜农产品交易的障碍主要有：缺乏网络营销和技术人才，占比 73%；信息化基础不好，占比 55%；缺乏农产品物流基础，占比 55%；村民缺乏互联网营销意识，占比 36%。在对内蒙古呼伦贝尔地区的走访调研中，这些障碍因素更突出，并且乡村之间距离较远，交通不便、冷链装备和技术匮乏也是制约边远地区推进农产品电商的主要因素。农民专业合作组织在推进生鲜农产品电子商务过程中遇到主要的困难有：缺乏网络营销和技术人才，占比 64%；缺少资金，占比 64%；农产品物流、配送成本高，占比 42%；内部管理理念跟不上，占比 22%。

上述因素制约了生鲜电商的基层推进速度。目前，基层在推进生鲜农产品电子商务过程中，迫切希望得到政府在资金补助、农产品电子商务推广宣传、网络基础设施建设、人才培训、信息化和网络技术支持、同第三方平台对接等方面的扶持。

第四节　基于供应链的农产品电子商务影响因素分析

本书从生产环节、流通环节、销售环节和消费环节分析农产品电子商务各种影响因素（如图 5-1 所示）。这些因素包括规模化程度、农产品加工业水平、农村网络基础状况、冷藏车数量、冷库容量、电子商务整体发展水平、居民收入水平等。这些因素可能作用于买方，也可能作用于卖方，或者对二者同时有影响。

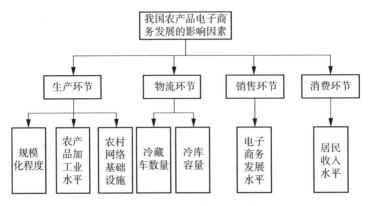

图 5-1　各环节影响因素图

一、生产环节的主要影响因素

生产环节主要是农产品的种植与收获，也是农产品电子商务发展的基础环节，在农产品电子商务的产业链中居于关键地位。低成本、高效率、无公害的农产品生产是农产品电子商务终端消费者满意的基本条件。

1. 规模化程度

我国的农业生产在取得巨大成果的同时也存在诸多问题，如耕地资源不断减少、耕地质量退化、农村剩余劳动力过多、农业经营规模小且比较优势弱、水资源缺乏及污染严重等问题。其中，影响我国农产品电子商务的最直接因素是规模化程度。一方面，规模经营采用先进的生产技术，能充分发挥土地和农用物资的生产潜力，从而达到真正降低生产环节成本的目的；另一方面，规模化经营有利于培肥土壤、保护环境、提高产品质量、保障食品安全，使农业得到可持续发展。随着居民生活水平逐步提高，越来越多的人选择有机食品和绿色食品，只有适度的规模经营，或者建立农民合作组织，集体完成生产有机食品和绿色食品，所涉及的生产资料、生产过程、生产环境有关标准执行起来才有所保障。

现阶段，与我国农产品电子商务相关的农业生产模式主要有以下三种类型：①以家庭为单位的农业生产模式。这种模式属于我国传统的种植模式，得益于多年来我国农业生产技术的大幅提升，个体经营的生产效率和产品质量也得到极大的改善。②以农民合作社为组织单位的农业生产模式。农民合作社是在生产实践中探索出的一种适合目前我国农村现状的生产组织形式，通过该组织，参与合作社的农民能够获得更多的信息，节约生产成本，增加收入。农民合作社以社员的利益为导向，以集体统一的方式提供大部分农资的购买，对农产品从生产到销售进行全方位指导，并对成员定期提供有关的技术、信息等服务。③农业规模化经营模式。这主要是根据土地条件、经济条件、技术条件，找出能够使生产的平均成本达到最低的生产规模，继而将降低农产品的生产成本，提高劳动生产率。①

2. 农产品加工业水平

加工环节在农产品电子商务中占据重要地位。首先，加工环节可以提高产品附加值，在提高农民收入水平的同时，也给农村劳动力提供了许多劳动岗位。其次，农产品一旦触网，就必须有最低标准的分类、包装等简单加工过程。并且，对于一些难以储藏保存的产品还需要进一步的加工。因此，加工环节直接影响到电子商务农产品的质量。最后，农产品加工环节涉及农产品标准化问题，农产品标准化一直以来都是影响农产品电子商务发展的重要因素。

现阶段，我国农产品加工整体水平还不发达，农产品电子商务中的大多数农产品以生鲜加工为主，产后产值与采收时自然产值的比例仅为0.38：1。虽然我国农产品加工业不断扩大，但是从2011年以来增长速度持续下降（如图5-2所示），农产品加工业发展水平还未能充分满足产业发展的需求。而发达国家的农产品产后加工能力已经很强，如美国和日本果品的产后产值与采收时自然产值的比例分别为3.7：1和2.2：1。整体上，发达国家的农产品产后加工能力达70%，加工品在膳食中所占比例也在70%以上；而我国的农产品产后加工能力只有20%~30%，加工品在膳食中的比例不足30%。②

① 许庆，尹荣梁，章辉.规模经济、规模报酬与农业适度规模经营——基于我国粮食生产的实证研究［J］.经济研究，2011（03）：61-67.
② 李亚婷，薛毅娴.浅议我国鲜活农产品在绿色流通中的保值增值［J］.商业流通，2009（15）：9-12.

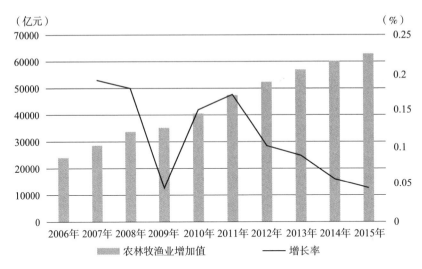

资料来源：国家统计局. 中国统计年鉴［M］. 北京：中国统计出版社，2015.

图5-2　2006—2015年农林牧渔业增加值及增长率

3. 农村网络基础设施

农产品电子商务与农村地区的互联网普及程度密切相关。农产品通过网络进行销售，需要借助互联网开展相关的活动，如收集农产品生产相关的信息以指导生产，整理和发布与农产品电子商务有关的信息，做好与农产品电子商务企业进行对接的工作，或者直接利用互联网发布农产品销售的信息，等等。

尽管我国农村地区互联网普及程度得到大幅度提升，但是城乡之间差距仍然很大。如2010—2014年，我国城乡宽带接入用户相比差异很大（见表5-4），在一定程度上对当时的农产品电子商务产生不利影响。

表5-4　城乡宽带接入用户对比（2010—2014年）

单位：万户

时间	城市宽带接入用户	农村宽带接入用户
2010	9963.5	2475.7
2011	11691.4	3308.8
2012	13442.4	4075.9
2013	14153.6	4737.3
2014	15174.6	4873.7

二、流通环节和销售环节的主要影响因素

流通环节主要考虑长途运输和"最后一公里"问题。针对长途运输和"最后一公里"问题，农村冷链物流基础设施和条件最为关键，现阶段我国对于公路等基础设施建设投入已经比较充分。为此，流通环节主要考虑冷藏车的数量和冷库的数量两个因素来反映冷链物流基础设施状况。

农产品电商受到电子商务整体环境的影响，电子商务整体环境为农产品发展电子商务提供基础。销售环节普遍关注的产品安全性、新鲜度、可追溯等内容主要依靠电子商务整体环境的优化才能不断得到促进和提高。

三、消费环节的主要影响因素

消费环节是指消费者选择在电商平台购买农产品的过程。影响消费的因素包括产品自身价格、收入水平、相关商品的价格、消费习惯或消费偏好、对未来的预期等，其中收入水平的提升是当前促进农产品电子商务发展的重要因素。考虑到数据的可获得性，主要选择居民收入水平等主要因素研究其对我国农产品电子商务的影响程度。

第五节　农产品电子商务影响因素的实证分析

一、样本数据说明

1. 变量选取

通过已有文献研究和以上分析，根据我国的发展现状选取以下影响农产品电子商务发展的因素：生产规模化程度、农产品加工业增加值、农村互联网普及率、冷藏车的数量、冷库的容量、农产品电子商务发展水平、消费者收入水平。

2. 变量说明

以 2014 年阿里巴巴农产品电子商务的数据作为研究对象，主要是基于阿里巴巴作为平台型企业，样本涵盖全国的销量，最能代表我国整体的情况。而且就交易规模而言，阿里巴巴相对于其他平台具有绝对的优势。

农产品电子商务交易规模：根据阿里巴巴的《农产品电子商务发展白皮书》获得各省 2014 年的数据，根据各地区销售额和消费额的均值来衡量各地区的农产品电子商务发展情况。

农村互联网普及率：根据 2013—2014 年全国 31 个省份互联网上网人数来核算。

农产品加工业增加值：根据 2013—2014 年全国 31 个省份的农林牧渔业增加值来核算。

农村冷链物流基础设施：主要选择 2013—2014 年各省冷库的容量和冷藏车的数量来代表。

农产品电子商务发展水平：主要选择 2013—2014 年各省的快递数量来代表。

消费者收入水平：根据 2013—2014 年中国统计年鉴的数据，整理出 2013—2014 年各省市的居民收入水平。

二、基本统计量处理

本书的数据主要利用 spss19.0 进行处理，结果见表 5-5。对各变量进行相关性分析（见表 5-6），从各变量间相关系数矩阵可以看出，本书选取的变量除了生产规模化程度外，其他变量与农产品电子商务交易规模之间的相关系数都高于 0.6。因此，可以认为选择的变量具有合理性。

表 5-5　描述统计

	N	极小值	极大值	均值	标准差	方差
交易额（万元）	62	368	61021	15581.29	16150.686	2.608E8
生产规模化程度	62	118	19301	3485.70	3230.812	10438149.326
加工业增加值（亿元）	62	94	4993	1940.57	1343.040	1803756.743
冷藏车（辆）	62	4	8736	953.35	1812.815	3286299.703
冷库（吨）	62	8754	3204274	658014.68	782593.115	6.124E11
电商环境（件）	62	484	335556	45029.85	76241.449	5.813E9
居民收入水平（元）	62	7205	43007	17544.45	7932.125	62918610.656
农村网络普及度（户）	62	0	588.2	157.2258	166.93239	27659.811

生产规模化程度与农产品电子商务的相关性很差，原因可能是我国的农产品电子商务在此期间刚刚兴起，电子商务的交易额相对于整个农产品市场

而言，规模还很小，影响有限。农产品加工业增加值对农产品电子商务交易额的影响较明显，农产品电子商务的飞速发展对农产品的加工、包装、运输等环节起到了极大的促进作用。同时，农产品电子商务的发展，对农产品的标准化和安全性提出了更高的要求，农产品电子商务的发展离不开农产品加工业的发展。电子商务整体发展与农产品电子商务交易额相关性最强，相关系数为0.975，由于研究中使用的是快递数据，因此也验证了快递业的发展是农产品电子商务发展的关键因素。此外，农村冷链物流基础设施（冷藏车、冷库）、消费者收入水平等与农产品电子商务的发展也密切相关：冷链物流保障了电商产品的品质，消费者收入水平的提高对网购农产品提出了品质、品种等方面高质量、多样化的需求。

表5-6　相关系数

	交易额	生产规模化程度	加工业增加值	冷藏车	冷库	农产品电子商务整体发展状况	居民收入水平	农村网络普及度
交易额	1	0.932	0.617	0.648	0.768	0.975	0.637	0.751
规模化程度	0.932	1	0.865	0.205	0.228	0.265	-0.115	0.228
农产品加工业增加值	0.617	0.865	1	0.29	0.394	0.519	0.068	0.757
冷藏车	0.648	0.205	0.29	1	0.747	0.667	0.613	0.004
冷库	0.768	0.228	0.394	0.747	1	0.773	0.74	0.492
农产品电子商务整体发展状况	0.975	0.265	0.519	0.667	0.773	1	0.594	0.667
消费者收入水平	0.637	-0.115	0.068	0.613	0.74	0.594	1	0.213
农村网络普及度	0.751	0.228	0.757	0.004	0.492	0.667	0.213	1

三、各变量回归分析

1. 对农产品加工业增加值的回归分析

根据回归结果（见表5-7）可知：电子商务交易额=7424.118+4.203×农产品加工业增加值。从表中可以看出，在以农产品电子商务交易额为因变量，以农产品加工业增加值为自变量的回归模型中，P值小于0.05，达到显著性水平。因此，农产品加工业增加值对农产品电子商务发展有显著影响。

表 5-7　对农产品加工业增加值回归分析

模型		非标准化系数		标准系数	t	Sig.
		B	标准误差			
1	（常量）	7424.118	4911.743		1.512	0.141
	加工业增加值	4.203	2.092	0.350	2.009	0.044

a. 因变量：交易额

　　随着人民生活水平的提高，我国农产品加工业一直以来保持平稳的增长。与此同时，我国农产品电子商务从交易规模和交易种类上也都快速增长。从产业链视角考虑农产品加工业对农产品电子商务的影响，农产品加工业的发展将带动农产品标准化的实施、绿色有机食品的生产、产品质量追溯体系的建立等，因而将会推动更高水平的农产品电子商务的实现。

　　2. 对冷库容量和对冷藏车数量的回归分析

　　根据回归结果（见表 5-8）可知：电子商务交易额 = 6678.715+0.014×冷库容量。从表中可以看出，在以农产品电子商务交易额为因变量，以冷库容量为自变量的回归模型中，P 值小于 0.05，达到显著性水平。因此，作为农村冷链物流基础设施之一的冷库容量对农产品电子商务发展有显著影响。

表 5-8　对冷库容量回归分析

模型		非标准化系数		标准系数	t	Sig.
		B	标准误差			
1	（常量）	6678.715	2993.040		2.279	0.030
	冷库容量	0.014	0.003	0.656	4.675	0.000

a. 因变量：交易额

　　同样，根据回归结果（见表 5-9）可知：电子商务交易额 = 12528.829+3.202×冷藏车数量。从表中可以看出，在以农产品电子商务交易额为因变量，以冷藏车数量为自变量的回归模型中，P 值小于 0.05，达到显著性水平。因此，作为农村冷链物流基础设施之一的冷藏车数量对农产品电子商务发展有显著影响。

表 5-9　对冷藏车数量回归分析

模型		非标准化系数		标准系数	t	Sig.
		B	标准误差	试用版		
1	（常量）	12528.829	9321.952		4.013	0.000
	冷藏车	3.202	1.544	0.359	2.074	0.047

a. 因变量：交易额

　　由于农产品种类繁多，且不同品种对于储存和运输都有不同要求。因此，农产品物流，尤其是生鲜农产品冷链物流与其他产品物流相比要求更高。农产品电子商务的快速发展对农产品物流产生了极大的需求，也进一步促进了农产品物流的发展。其中，冷库解决了农产品存储问题，冷藏车使农产品在运输途中的损耗降低，保持了农产品的新鲜度。而且，农产品物流体系在满足消费者及时性要求的同时，也使消费者对品质、安全性和新鲜度的多样化需求得到满足。农产品电子商务交易额与冷库容量和冷藏车数量存在显著的相关关系，越多的冷链物流设施，将带来越多的农产品电子商务交易。

　　3. 对农村网络基础的回归分析

　　根据回归结果（见表 5-10）可知：农产品电子商务交易额 = 4108.804 + 72.968×农村互联网接入数。从表中可以看出，在以农产品电子商务交易额为因变量，以农村网络基础为自变量的回归模型中，P 值小于 0.05，达到显著性水平。因此，农村网络基础对农产品电子商务发展有显著影响。

表 5-10　对农村网络基础回归分析

模型		非标准化系数		标准系数	t	Sig.
		B	标准误差			
1	（常量）	4108.804	2700.017		1.522	0.139
	农村互联网接入数	72.968	11.899	0.751	6.132	0.000

a. 因变量：交易额

　　在我国农村地区，互联网基础设施十分落后，与城市的互联网基础设施建设水平存在很大差距。农产品电子商务必须以农村互联网设施建设水平为条件，当前农村地区的互联网设施对于农产品电子商务还具有一定的制约作用。农村互联网基础设施与农产品电子商务的发展存在稳定的相关关系：农村互联网基础设施条件较好的地区，农产品电子商务交易额较高；相反，农村互联网基础设施条件落后的地区，农产品电子商务交易额较低。

4. 对农产品电子商务发展水平的回归分析

根据回归结果（见表 5-11）可知：农产品电子商务交易额 = 6546.810 + 0.201×快递量。从表中可以看出，在以农产品电子商务交易额为因变量，以农产品电子商务发展水平（快递量）为自变量的回归模型中，P 值小于 0.05，达到显著性水平。因此，电子商务的发展水平对农产品电子商务发展有显著影响。

表 5-11　对电子商务发展水平回归分析

模型		非标准化系数		标准系数	t	Sig.
		B	标准误差			
1	（常量）	6546.810	1104.270		5.929	0.000
	快递量	0.201	0.013	0.947	15.894	0.000

a. 因变量：交易额

农产品电子商务发展水平对农产品电子商务交易额的影响不言而喻，电子商务发展水平给农产品电子商务领域的发展带来更多优势，电子商务人才、平台技术、支付技术、网络技术等都可以快速地促进农产品电子商务发展。农产品电子商务交易额与电子商务发展水平存在显著的相关关系，越发达的电子商务产业，也将带来越高的农产品电子商务交易额。

5. 对居民收入水平的回归分析

根据回归结果（见表 5-12）可知：农产品电子商务交易额 = -8948.293 + 1.398×居民收入水平。从表中可以看出，在以农产品电子商务交易额为因变量，以居民收入水平为自变量的回归模型中，P 值小于 0.05，达到显著性水平。因此，居民收入水平对农产品电子商务发展有显著影响。

表 5-12　对居民收入回归分析

模型		非标准化系数		标准系数	t	Sig.
		B	标准误差	试用版		
1	（常量）	-8948.293	5277.804		-1.695	0.101
	人均收入水平	1.398	0.275	0.687	5.087	0.000

a. 因变量：交易额

　　伴随着经济社会发展，人们的网络消费需求将持续增加，网购农产品解决了空间和时间的限制，农产品电子商务进一步得到发展。农产品电子商务交易额与人均收入水平存在显著的相关关系，收入越高的地区，比如北、上、广等一线城市，对于农产品电子商务越有更高的需求。

第六章 网购农产品消费的影响因素与趋势研判

第一节 现实状况与文献回顾

互联网技术和数字经济的快速发展，使生产和消费突破了时间和空间的限制，引起传统产业的交易模式与流通渠道的深刻变革。在此背景下，农产品网购快速发展，阿里（淘宝）、中粮我买网、顺丰优选、沱沱工社、本来生活网等农产品零售网站发展势头良好，2018 年，网购生鲜农产品的总销售额已达到 1950 亿元，较 2013 年的 126.7 亿元增长了 14.39 倍。这些主要是由于互联网尤其是移动互联网的普及率不断提高，人们网络购物的倾向越来越强。同时，随着城乡居民可支配收入的增长，人们对农产品的消费需求从注重数量和价格转变为更注重质量、安全和特色，网购模式和专业化物流满足了人们对各地有特色、新鲜优质的蔬菜水果、禽蛋肉类、水产品等农产品的消费需求。

近年来，随着农产品网购的发展，关于网购农产品消费的研究也逐渐增多，已有文献主要集中在农产品网购意愿的影响因素、网购体验和电商冷链物流等方面。邹俊（2011）的研究表明，消费者尝试网购生鲜农产品的意愿较高，消费者网购感知与评价、期望价格显著正向影响消费者网购生鲜农产品意愿，[①] 农耕生产、质量追溯、物流配送、网购操作、产品呈现和售后服务都会显著影响消费体验（邵腾伟、吕秀梅，2018），[②] 而消费者的网上购物行为通常取决于对整个购物过程的整体感受，因此具有极强的不确定性（郭学品、罗自强、石春，2018）。[③] 此外，农产品属性、配送效率、品牌（郑亚

---

① 邹俊. 消费者网购生鲜农产品意愿及影响因素分析 [J]. 消费经济, 2011 (4): 69-72+76.

② 邵腾伟, 吕秀梅. 基于消费者主权的生鲜电商消费体验设置 [J]. 中国管理科学, 2018 (8): 118-126.

③ 郭学品, 罗自强, 石春. 基于云模型的网购满意度综合评价 [J]. 统计与决策, 2018 (23): 60-62.

琴、杨颖，2014），① 产品种类认知、食品安全与健康、支付意愿、食品安全认证标志、产品描述的详细程度（吴自强，2015），② 消费者的感知价值、农产品质量与安全意识（赵晓飞、高琪嫒，2016）③ 等也是影响网购农产品消费的重要因素。网购农产品消费的发展离不开冷链物流体系的建设和发展，尽管我国冷链物流体系建设取得一定成效，冷链的上下游和区域联系在增强，冷链物流水平的提高在很大程度上促进了网购农产品的消费，但是，我国冷链物流营商环境还有待优化，部分地区冷链基础设施结构失衡，冷链物流行业平均净利润率仍在不断压缩，诚信缺失、监管缺位问题突出，冷链物流人才短缺严重（崔忠付，2019），④ 冷链物流体系建设还有待不断加强。

本书基于以上研究背景，厘清我国网购农产品消费的现状，准确把握我国网购农产品消费的影响因素，科学研判我国网购农产品未来消费趋势，对于供给侧结构性改革和消费升级条件下，讨论农产品电商和冷链物流行业高质量发展，进一步促进网购农产品消费具有一定的现实意义。

第二节　我国网购农产品消费现状

当前，新兴业态快速增长，消费升级使消费对经济增长的主引擎作用得到进一步发挥，网购等新兴消费方式逐渐被更多消费者接受。农产品实现网购是对农产品传统消费渠道的有效补充，与农产品集贸市场、批发市场、路边流动摊位等不同，农产品网购满足了消费者对交易的便利化和消费的个性化、多样化的需求，越来越多的消费者选择网购方式购买农产品。

一、人均消费支出变化情况

农产品网络销售起步较晚，受整个网络供给体系和消费习惯的约束，2010 年之前农产品网络销售额很低，人们网购的农产品消费数量和消费支出

---

① 郑亚琴，杨颖. 生鲜农产品网购选择的影响因素［J］. 郑州航空工业管理学院学报，2014（5）：49-52.

② 吴自强. 生鲜农产品网购意愿影响因素的实证分析［J］. 统计与决策，2015（20）：100-103.

③ 赵晓飞，高琪嫒. 农产品网购意愿影响因素及作用机理研究——基于参照效应视角的分析［J］. 北京工商大学学报（社会科学版），2016（3）：42-53.

④ 崔忠付. 2018 年中国冷链物流回顾与 2019 年趋势展望［J］. 物流技术与应用，2019（S1）：14-16.

水平也都处于低水平状态。2010 年，生鲜农产品的网络销售额只有 4.2 亿元，人均网购生鲜农产品消费支出仅 0.31 元。2011 年以来，在政策、资本、市场需求等多方因素的推动下，随着信息技术的逐渐成熟和消费者消费偏好及消费习惯的转变，尤其是生鲜农产品电子商务市场逐渐活跃，带动了农产品网络零售额和生鲜农产品市场交易额快速增长，人均网购农产品消费支出迅速增加。

2013 年，农产品网络零售额达到 500 亿元，人均网购农产品消费支出 36.76 元；生鲜农产品电商交易额 126.7 亿元，人均网购生鲜农产品消费支出 9.32 元。2018 年，农产品网络零售额达到 3259 亿元，人均网购农产品消费支出 232.78 元，比 2013 年分别增长 551.8% 和 533.24%。2018 年，生鲜农产品电商交易额达到 1950 亿元，人均网购生鲜农产品消费支出 139.29 元，比 2013 年分别增长 519.12% 和 1394.53%。总体上，我国农产品网络零售和消费增长速度已经具备了一定的规模，但是与年人均食品消费支出相比，人均网购农产品消费支出还较低。农产品是人们日常生活必需品，随着农产品网购逐渐普及，人均网购农产品消费支出仍有很大的上升空间。

二、品类消费结构变化情况

受制于供应链和物流的发展，电商早期在网络上主要经营耐储藏、损耗小、易运输的农产品，这些农产品质量安全风险相对较小，对储藏运输条件要求不高，储藏运输成本也较低。因此，早期网购农产品消费的品类结构也主要由耐储存型农产品构成，包括粮油、米面、禽蛋、茶叶、海鲜干制品、菌类干制品、干果、耐储型蔬菜（如马铃薯、冬瓜等）、耐储型水果（如柑橘、柚子等）和加工的畜产品（如火腿、腊肉、肉干、奶制品等）。

随着网购的便利性逐渐被接受和网购消费习惯逐渐形成，消费者对高品质生鲜农产品的网购需求日益增加，尤其是消费支出的持续提升，促使网购农产品的品类消费结构发生很大变化。2012 年，顺丰优选上线经营包括肉类海鲜、新鲜果蔬等生鲜农产品在内的九大类产品；本来生活网上线经营原产地直供的生鲜农产品。此后，1 号店的生鲜业务、天猫的"时令最新鲜"、亚马逊的"鲜码头"、中粮我买网的生鲜频道、苏宁易购的"阳澄湖大闸蟹"、东方航空公司的"东航产地直达网"等先后上线，经营各种品类的农产品。目前，网购农产品的品类消费结构已经由早期的耐储存型农产品向以生鲜农产品为主且基本覆盖线下的各种农产品转变。

2016 年，消费额增速最快的五类农产品依次为蔬菜、蛋制品、肉类、肉类制品和米面。与 2015 年相比，粮油、米面、菜、蛋等必需品消费高速增长，已初具规模，而坚果、茶、水果、果干等由于规模较大，增速开始有所放缓。① 根据拼多多公布的数据，2018 年"双十一"的前一周，日均农产品网络零售订单数超过 250 万单，时令水果超过 50 万单，坚果类超过 15 万单，一些地方特色农产品如湖北京山的泉水米、云南大理的丑皮核桃、星仔岛的野生小黄鱼等吸引了大量消费者，② 网购农产品的品类消费结构日益丰富。

三、地区差异变化情况

我国地域辽阔，网购地区之间的经济差异，尤其是不同地区消费者的收入水平差异，使得网购农产品消费也表现出明显的地区差异。在经济发达地区，消费者收入水平高、人口聚集、信息化基础设施健全、冷链物流配送网络完整，人们网购农产品的意愿更强。以 2018 年天猫"双十一"网购为例，东部地区零售额占全国零售额的比例高达 90.9%，中部地区、西部地区、东北地区零售额占全国零售额的比例分别为 5.9%、2.8% 和 0.4%，和东部地区相差较大。其中，东、中、西部地区和东北地区食品酒水零售额占地区零售额比例分别为 5.1%、18.3%、24.5% 和 34%，零售额分别为 145.71 亿元、33.93 亿元、21.56 亿元和 4.27 亿元。③

从 2016 年的网购农产品数据看，江苏和浙江两省的销售额均超过 100 亿元，广东、上海、安徽、山东和福建农产品的销售额也具有明显的优势。2016 年，阿里平台上网购农产品金额排在前十的省（市）是广东、浙江、江苏、上海、山东、北京、福建、湖北、河南和四川，④ 多数省市都处在东中部经济发达地区，西部地区网购农产品消费还比较弱。但是，随着移动互联网

---

① 阿里大数据解密全国农产品消费 [EB/OL]. （2017-05-10）. https：//www.sohu.com/a/139562482_ 488938.

② 拼多多发布"双十一"相关数据 [EB/OL]. （2018-11-03）https：//baijiahao.baidu.com/s?id=1616101203782109625&wfr=spider&for=pc.

③ 中商产业研究院.2018 年"双十一"网购大数据分析报告 [EB/OL]. （2018-11-16）. http：//www.askci.com/news/chanye/20181116/1139281136843_ 6.shtml.

④ 阿里大数据解密全国农产品消费 [EB/OL]. （2017-05-10）. https：//www.sohu.com/a/139562482_ 488938.

的普及、居民收入不断提高和消费增长动能逐步转换，东北地区和西部地区网购消费在快速增长。如 2018 年天猫"双十一"，宁夏、辽宁、吉林、山西都以最快速度实现了对 2017 年"双十一"整体成交额的超越，而西藏则进入了京东"双十一"下单金额增长最快的前五名。①

四、消费群体变化情况

从年龄结构看，2014 年网购农产品消费者群体以 23~35 岁的年轻人为主，占比达到 58.59%；36~50 岁的消费者群体占比也较高，比例为 21.50。② 根据 2016 年京东农产品网购数据，年轻用户依然是网购农产品的主力军，30~39 岁的消费者群体占比达到 73%，20~29 岁的消费者群体占比 11%。并且，年轻群体也是网购生鲜农产品的主力，2017 年生鲜农产品网购中，26~35 岁的消费者群体占比为 57.6%。③

从收入结构看，网购农产品与消费者收入水平呈现相关性。以生鲜农产品网购为例，随着消费者家庭月收入的提高，网购的频次在不断升高。家庭月收入超过 3 万元的消费者中，每周网购频次为 4 次及以上的占比高达36.8%；而个人月收入在 5001~8000 元的消费者占比为 30.5%；个人月收入在 8000 元以上的消费者占比达 43.6%。④

此外，从性别看，2008 年"双十一"购物以男性群体为主，主要是高学历的大城市白领，他们有着稳定的工作和较高的收入，成为当时的"网购达人"。如今，女性群体已经成为网购的主力军，2017 年"双十一"购物女性用户数比 2008 年同期增长了 3500 倍。⑤ 从不同性别群体网购金额占比情况看，女性群体是名副其实的"剁手党"，其网购金额占比为 68.3%，比男性高

---

① 中商产业研究院.2018 年"双十一"网购大数据分析报告 [EB/OL]. (2018-11-16). http：//www. askci. com/news/chanye/20181116/1139281136843_ 6. shtml.

② 2014 年阿里农产品电子商务白皮书 [EB/OL]. (2015-06-01) http：//www. 199it. com/archives/352283. html.

③ 2018 年中国生鲜网购用户数据分析 [EB/OL]. (2018-04-04) http：//www. chyxx. com/industry/201804/626935. html.

④ 2018 年中国生鲜网购用户数据分析 [EB/OL]. (2018-04-04) http：//www. chyxx. com/industry/201804/626935. html.

⑤ 2008—2017 年电商十年"11.11"数据年鉴 [EB/OL]. (2018-11-10) http：//www. 199it. com/archives/794096. html.

36.6 个百分点。[①]

五、城镇、农村差异情况

我国长期处于二元经济结构状态，使我国城镇、农村之间的差异也长期存在。其中，城镇、农村之间的消费差异较为显著，城镇的人均消费水平远远高于农村。在网购农产品消费上，早期的网购平台主要为满足大中城市消费者的消费需求，如 2005 年成立的易果生鲜主要为都市的中高端家庭提供精品生鲜食材。有数据显示，网购生鲜农产品的消费者中，一线城市用户占比41.4%，二线城市用户占比 40.4%。[②]

城乡融合发展体制机制的不断完善和创新，尤其是现代信息技术快速发展并不断得到推广应用，深刻改变了农村居民的生产生活方式。农户不仅通过网络把农产品送进千家万户，而且借助网络增加了具有地域特色的农产品消费，消费的多样化需求也得到实现。在农村消费者面临的消费选择与消费方式相对较少的约束下，网购的直接配送到家和品类丰富多样等特征，促使农村消费者也开始更多地进行农产品网购。例如，2017 年阿里巴巴中国零售平台农产品网络零售额近 1000 亿元，其中农村农产品网购零售额同比增长超过 30%，相对于城市地区增速更快。[③] 并且，近年来越来越多的淘宝村使农村居民更加接近网购市场，网购消费意愿潜力得到释放。

第三节　促进网购农产品消费的因素分析

消费者收入的增长、对网购农产品消费偏好的持续增强、网络信息化水平的提高、农产品冷链物流网络的快速发展、消费者生活方式的改变以及国家政策的支持，是近年来促进我国网购农产品消费的主要因素。

---

① 2018 年北京网购用户调查报告［EB/OL］.（2019-04-17）https：//baijiahao. baidu. com/s？id=1631052240880799799&wfr=spider&for=pc.

② 中国生鲜电商行业发展现状与趋势报告［EB/OL］.（2018-06-03）http：//sh. qihoo. com/pc/957c1402485af8480？cota=4&tj_ url=so_ rec&refer_ scene=so_ 1&sign=360_ e39369d1.

③ 2018 首届中国农民丰收节电商数据报告［EB/OL］.（2018-10-09）http：//www.100ec. cn/home/detail—6474270. html.

一、居民收入的增长

居民收入水平是影响居民网购农产品消费支出的主要因素。2018 年，我国居民人均可支配收入 28228 元，相比 1978 年人均可支配收入 171. 19 元，年均增长 13. 61%。其中，2018 年城镇居民人均可支配收入 39251 元，相比 1978 年城镇居民人均可支配收入 343 元，年均增长 12. 58%；农村居民人均可支配收入 14617 元，相比 1978 年农村居民人均可支配收入 134 元，年均增长 12. 45%。

随着收入的不断增长，我国居民消费支出也得到快速增长，尤其是在农产品的消费上更加注重品质、新鲜度和安全性，关注营养的全面性和品种的多样化，由此对不同地域农产品产生了消费需求，促进了网购农产品的消费。例如，2019 年春节零售餐饮消费数据显示，地方特色产品销售保持较快增长，河北保定、湖北潜江重点监测企业绿色有机食品销售额同比分别增长 40% 和 18. 6%。① 而在 2017 年和 2018 年"双十一"的数据中，农产品网购消费支出增速也居高位。

二、消费偏好的持续增强

随着收入水平和消费能力的提高，消费者通过网购可以更便利地不断优化商品组合，实现效用最大化，也因此对网购农产品的偏好不断增强。实践中，网购平台则通过不断提供越来越多的质量、物流、售后服务信息，增加消费者的感官体验，并且通过线上线下融合发展增强消费者的消费体验，影响消费者对网购农产品的偏好，提高消费者的期望效用。

网购渠道供应的产品类型越来越齐全，可选择范围越来越大，也促使消费者对网购农产品消费偏好持续增强。网购农产品最主要的优势在于实现了不同地域农产品的线上聚集，随时随地都能下单，可以方便快捷地选择种类丰富的不同地域的农产品，满足了消费者的偏好和个性化、多样化需求。

三、网络信息化水平的提高

网络信息化水平的不断提高是促进网购农产品消费实现的条件因素。近

---

① 春节全国零售和餐饮企业实现销售额超万亿元 ［EB/OL］．（2019-02-11）http：//news. eastd-ay. com/eastday/13news/auto/news/china/20190211/u7ai8373665. html.

年来，中国互联网发展势头良好。2018年，我国网民规模已达8.29亿人，互联网普及率为59.6%，比2014年分别增长了27.73%、24.43%。并且，2018年我国网络购物用户规模达6.10亿人，年增长率为14.4%，网民使用率为73.6%。手机网民规模达8.17亿人，网民使用手机上网的比例达98.6%。[①]

在互联网的高度普及中，互联网平台集聚放大单个农户和新型经营主体规模效益的作用得到发挥。其中，大力推进农产品特别是鲜活农产品电子商务，成为农业农村经济发展新的增长点。伴随着信息技术与农业农村的全面深度融合，我国农业农村信息化建设取得明显进展，尤其是经营信息化快速发展，使农业农村电子商务在东、中、西部竞相迸发，农产品网购的信息化条件越来越完备。2017年，我国农村网店达到985.6万家，同比增长20.7%，其中阿里巴巴的平台拥有超100万家农村网商，云集也在全国31个省份均有店主分布。[②] 网络信息化及时将农产品信息发布到全国各地，网民利用互联网获取信息，了解农产品质量、运输等信息，极大降低了搜集成本，促使网购农产品消费逐年攀升。

四、农产品冷链物流网络的快速发展

2013年，我国农产品冷链物流总额为2.54万亿元，2017年达到4万亿元，增长了57.48%。在此期间，我国农产品网络零售额由2013年的500亿元增加到2017年的2436亿元，增长了387.2%。在农产品电子商务快速发展的同时，国家对农产品冷链物流的关注度有了大幅度的提升，现代冷链物流理念得以推广，冷链物流标准和服务规范体系逐步完善，农产品产地"最先一公里"和城市农产品配送"最后一公里"的物流问题正在逐步缓解，促进了农产品网购发展。

总体来看，近年来由于农产品冷链物流的不断发展，易腐性较强、消费时效短、对物流技术要求较高的农产品，其网购普及率在不断提高。农产品物流网络的不断发展，也使不断创新物流模式、提升物流效率成为可能。例如，新疆通过改变其"小规模零散化"的物流仓储模式，"以订单需求为导

---

① 第43次中国互联网络发展状况统计报告发布［EB/OL］.（2019-02-28）http：//baijiahao.b-aidu.com/s？id=1626677616153123215&wfr=spider&for=pc.

② 中国农村电子商务发展报告（2017—2018）［EB/OL］.（2018-10-12）http：//img.ec.com.cn/article/20181012/20181012150208168.pdf.

向，统一分拣，统一运输"，先将苹果运出新疆，运往上海、广州、成都等中转仓库，再二次分装将订单运输到消费者手中。由于创新物流模式，2017 年新疆阿克苏苹果实现 27 万余斤的网购销量。①

五、消费者生活方式的改变

随着社会经济的发展、人们收入水平的提高、工作生活环境的改变以及消费者个体的年龄、家庭、教育程度、消费观念等的变化，人们的生活方式也在逐渐改变。在此背景下，农产品的必需品特征更加显著，当传统的农产品购买渠道不能适应生活方式的改变时，新的渠道如网购和电商等应运而生。此外，城镇化进程的推进，尤其是大中城市的不断发展，也使人们的生活方式更接近网购和电商。

年轻人、创业群体和城市白领等消费者，学习工作压力较大，生活节奏普遍加快，通过网购农产品可以节省线下市场直接采购的时间，增加学习、工作或休闲的时间。互联网和移动网络、移动支付的快速发展，促使经常应用网络的消费者更偏好于依赖网络的生活方式，网络购物自然也成为这一群体的主要购物方式。如偏好在手机网络社交的年轻群体是淘宝天猫特色农产品消费的主力，"80 后"和"90 后"占比分别达到 36% 和 32%。② 一些商家也顺应潮流推出了"社交电商模式"，如云集这一为年轻人喜爱的社交电商模式就创造了 40 秒抢光滞销土豆 25000 斤、3 小时售完洛川苹果 10 万斤的销售业绩。

六、国家政策的支持

国家政策的支持是促进网购农产品消费的制度因素。我国长期以来一直非常重视农业农村信息化建设，早在 1995 年原农业部就启动"金农工程"，推动农村信息服务网络建设。此后，国家出台了一系列政策措施将农业信息化工作作为重点内容，使我国涉农信息服务平台建设迅速发展，农业信息化建设取得显著成效。2010 年，我国已建成"农信通""信息田园""金农通"

---

① 2018 首届中国农民丰收节电商数据报告 ［EB/OL］. （2018-10-09）http：//www.100ec.cn/home/detail—6474270.html

② 全国地方特色农产品上行报告 ［EB/OL］. （2019-03-04）. http：//www.sohu.com/a/298995105_120057909

等全国性农村综合信息服务平台，乡镇信息服务站 20229 个，行政村信息服务站 117281 个，乡镇涉农信息库 14137 个，涉农互联网站近 2 万个。①

农产品电子商务和网购不仅满足了人们个性化、多样化的消费需求，而且在提高流通效率、降低流通成本、缓解产销矛盾等方面起到了积极的促进作用。2005 年，中央一号文件《关于进一步加强农村工作提高农业综合生产能力若干政策的意见》中，首次提到鼓励发展农产品电子商务这一新型业态和流通方式，此后历年中央一号文件都强调"积极推进农业信息化建设"，"大力发展物流配送、连锁超市、电子商务等现代流通方式"，为我国农业信息化和农产品电子商务发展提供了政策保障，促进了网购农产品消费市场的健康发展。

第四节　制约网购农产品消费的因素分析

网购农产品的价格波动、品质及标准化程度的差异，产地流通体系不健全，生产和消费的规模效益较差，从产地到销地的一体化冷链物流系统尚未形成，是当前制约我国网购农产品消费的主要因素。

一、网购农产品价格的波动

消费者在网购农产品时，价格仍是重要因素。当网购农产品的价格相比传统市场价格更具优势时，消费者会增加网购的数量。例如，在生鲜电商平台上销售的国外各种品牌进口鲜奶，种类多且具有价格优势，销售额十分可观。然而，现实中网购农产品的价格常常波动，有时甚至差异很大，以至于消费者网购农产品的意愿减弱，降低了对网购农产品的消费。

网购农产品价格波动同样受供给和需求两方面因素的影响。从供给来看，网购农产品多为地方特色农产品，季节性强而产量有限，供给的不稳定性极易导致供需失衡，造成价格波动。从需求来看，网络交易具有虚拟性、隐蔽性、不确定性特征，很容易使消费者因感知风险变化而致使需求变化和价格波动。此外，虚标原价、虚假优惠、不履行价格承诺、两种标价、标低高结

---

① 中国全面实现"村村通电话乡乡能上网"目标 ［EB/OL］. (2011-01-07) http：//www.scio. gov.cn/xwfbh/xwbfbh/wqfbh/2011/0127/xgbd/Document/852635/852635. htm.

等网购价格欺诈行为，也导致网购农产品供需失衡和价格忽高忽低。有数据显示，不在"双十一"当天也能以"双十一"的价格或更低价格购买到促销商品的比例达到 78.1%，2017 年比 2016 年同期还有所增加。[①] 虽然网购在一定程度上有助于缓解农产品滞销，但触网就涨价的现实在一定程度上抑制了网购农产品的持续消费，因为无论是城镇居民还是农村居民对食品的价格波动敏感性都很高。[②]

二、网购农产品品质及标准化程度的差异

网购农产品的品质是影响消费者购买选择的重要因素，消费者更倾向于网购"三品一标"农产品、国外进口农产品，主要还在于观念上认可这些产品的品质。目前，我国农产品生产主要以小规模农户为主，生产经营的经验性、盲目性特征还比较突出，短期行为比较严重。由于规模小难以实现标准化生产，造成农产品品质的差异性较大。张乐等（2018）针对北京市的调研表明，目前 71.9% 的人认为网购生鲜农产品存在问题。其中，产品新鲜度、实物质量与描述不符、生鲜产品来源不清和虚假评价误导消费者是主要问题，[③] 突出反映了网购农产品品质亟待提高。

从我国农产品供给体系来看，农产品供给数量增长较快而质量提升较慢，普通农产品供大于求，滞销积压严重，但绿色优质农产品供不应求，难以满足中高端市场和电商、网购等新流通方式的需要。这些与我国农产品生产经营组织方式有关，主要是良好规范生产和标准化生产欠缺，与优质农产品生产和高质量农业发展的要求还有很大差距。

三、网购农产品产地的流通体系不健全

网购农产品的供给侧通常在远离城镇的农村，有些地方甚至属于贫困县，为了解决销售渠道不畅、"卖难"滞销等问题，希望通过网络电商平台拓宽交易渠道、扩大市场范围，发挥"互联网+"效应推动问题解决、产业兴旺和农

---

① 虚构原价、悄悄提价，警惕"双 11"低价背后的陷阱 [EB/OL]. (2018-11-11). https://www.chinacourt.org/index.php/article/detail/2018/11/id/3569799.shtml.

② 李娜娜，李强. 中国城乡消费差异分析 [J]. 北京林业大学学报（社会科学版）. 2018（12）：84-91.

③ 张乐，王晓霞. 网购对北京市居民"三品一标"生鲜农产品消费行为影响研究 [J]. 农产品质量与安全，2018（5）：32-36+57.

民增收。然而，这些地区通常农产品流通体系不健全，尤其是农产品流通基础设施建设滞后，缺乏信息服务、质量检测、电子统一结算、安全监控、垃圾处理等配套服务设施，① 影响了农产品的流通效率和流通质量。比如，目前许多农村地区还没有实现快递网点覆盖，一些乡镇虽然实现了快递覆盖，但是由于物流线路单一，流通周折，流通效率和农产品品质难以保证。

网购农产品产地流通体系不健全，导致农产品流通成本居高不下。我国农产品流通成本占总成本的 40% 左右，鲜活产品和果蔬产品甚至达到 60% 以上，产地偏远的网购农产品流通成本更高，"运不出、储不行、成本高、亏损大"的困境影响了线上线下深度融合，造成网购农产品线上活跃用户渗透率较低，用户黏性明显不足。

四、网购农产品生产和消费的规模效益较差

网购农产品，尤其是一些在独特的自然生态环境下生产的地方特色农产品，生产规模受制于环境条件和小规模农户为主的生产组织方式，难以形成规模效应，产量规模难以达到相应水平。生产的有效规模差，不仅导致机械化水平不高、先进的生产组织管理方式缺乏、农产品品牌不易形成，而且难以形成充足持久的需求，造成网购农产品消费的短期性。

产量规模受限直接导致消费量的规模总体偏小，并且网购农产品消费多以家庭为单位，单次购买量小却占据了较高的包装、运输成本，即使一些品牌农产品也很难产生溢出效应，无法形成有效市场。

五、联结产销的一体化冷链物流系统尚未形成

2015 年，我国果蔬、肉类、水产品的冷链流通率分别达到 22%、34%、41%，冷藏运输率分别为 35%、57%、69%，② 相比 2010 年有了大幅提高，果蔬、肉类、水产品的冷链流通率分别提高 340%、126.67%、78.26%，冷藏运输率分别提高 133.33%、90%、72.5%，表明我国农产品冷链物流发展条件不断改善。但总体上我国冷链物流基础还很薄弱，专业化程度不高，管理理念

---

① 安玉发. 中国农产品流通面临的问题对策及发展趋势展望［J］. 农业经济与管理，2011（6）：62-67.

② 2016 年中国冷链物流行业发展趋势分析［EB/OL］.（2016-08-11）http：//www.lenglian.org.cn/news/2016/23062.html？AspxAutoDetectCookieSupport=1.

还有待提升，预冷环节缺失、运输效率不高、缺乏一体化冷链物流运作等问题还未得到有效解决。

目前，从产地到销地的一体化冷链物流系统尚未形成，大部分生鲜农产品仍在常温下流通，即便一些冷链运输的生鲜农产品也时常受"断链"问题的困扰，导致农产品综合冷链率偏低和损耗率偏高，制约了农产品跨区域长距离流通和网购农产品消费的增长。因此，我国亟待建立覆盖产销全过程的冷链系统，以适应农产品电商和网购等新型业态和流通方式发展变化的需要，进一步提高冷链流通率和冷藏运输率，提升农产品流通质量效率，不断满足农产品消费需求。

第五节　网购农产品消费的趋势研判

一、更加注重品牌和标准化

品牌和标准化是网购农产品消费品质提升的重要标志。随着国民经济的发展，我国城乡居民的收入水平和生活水平将继续提高，网购农产品消费决策不仅会考虑膳食结构的多元化和营养性，还会更加关注质量、安全等因素，推动网购农产品消费品质不断提升，品牌化和标准化的农产品在网购中的比重将进一步增加。而且，由于网购农产品质量安全事件的不断发生，市场监管力度逐步加大，越来越多的消费者对"三品一标"农产品的需求持续增加，将推动网购农产品消费形成品牌化和标准化趋势。

当前，各地开展的"品牌农业""一县一业""一村一品"建设，着重突出地方资源特色、品质特色、功能特色、历史沿革和文化内涵，为网购农产品消费的品牌化和标准化趋势提供了供给保障，推动优质、绿色、有机农产品消费群体扩大，消费支出和消费数量增加。此外，网购农产品电商平台也逐渐重视农产品品牌的培育、推广以及自身品牌渠道的建设。如京东平台的金龙鱼蟹稻共生东北大米、十月稻田有机稻花香米，通过严格把控品质来影响消费者体验，打造精益求精的高品质品牌，刺激消费者对优质农产品的消费。品牌渠道也通常会减少消费者购物疑虑，增强消费者信任。如盒马鲜生通过建立品牌渠道提高了线上订单吸引力，筛选了高价值顾客，使消费者愿意为线上订单支付溢价。

二、更加依赖信息化的发展

网购农产品市场发展得益于信息化水平的提升，也将越来越依赖信息化的发展，实现供给需求相衔接的匹配效率，打破产销的地域限制。目前，全国已有77.7%的县（市、区）设立了农业农村信息化管理服务机构，行政村电子商务服务站点覆盖率达64%；县域农产品网络零售额为5542亿元，占农产品交易总额的9.8%；信息进村入户工程建成益农信息社覆盖行政村49.7%。① 这些成就为农产品出村进城奠定了坚实基础，使农产品产销和信息化结合得更加紧密。

随着信息化和农业现代化融合发展的不断推进，尤其是数字乡村战略的实施，将加快网购农产品市场扩容和信息化基础设施建设，加快农产品全产业链大数据建设，不断健全农产品配送枢纽、集散中心和服务网点建设，逐步消除影响农产品电子商务发展和网购农产品消费的制约因素，使绿色优质特色农产品流通紧跟消费升级的需求。

三、线上线下更加深度融合

农产品网购在快速发展的同时，也面临着市场渗透率低、用户黏性明显不足的问题，其主要原因在于单纯注重线上发展，容易忽视消费体验。为此，要使互联网力量和线下实体店终端协同发力，形成线上服务与线下体验深度融合的新零售格局，是农产品网购市场的发展方向。线上线下深度融合不仅实现了线上零售模式的创新，还可以通过场景创新、消费体验等方式影响消费者购买行为，满足及时性、个性化和多样化的消费需求。

目前，线上线下深度融合已成为各网络电商平台提高农产品流通效率、促进网购农产品消费的重要举措。阿里巴巴旗下的盒马鲜生通过数据驱动实现线上线下融合，不仅保证了产品的新鲜和极速配送，而且提供了全新的消费场景体验，达到了线上线下互相配合、协调发展、提高效率、吸引消费的目的。此外，农村淘宝与大润发签订线上线下合作协议，农村淘宝农产品上行品牌"淘乡甜"在国内20个城市160家大润发零售店与消费者见面。苏宁

---

① 2018 年全国县域数字农业农村发展总体水平达 33% ［EB/OL］．（2019–04–29）http：// www.cinic.org.cn/hy/nongye/504374.html.

也通过"便利店+APP"模式加快"苏宁小店"的全国布局,2018 年就设定了在全国新开 1500 家门店、无人货架 5 万件、自助购物机 5000 台的计划。①

四、与冷链物流结合更加紧密

冷链物流体系将助力网购农产品消费升级,促进网购农产品消费继续稳定增长。由于农产品易腐易坏的特点,网购农产品消费对冷链物流的水平依赖明显。天猫、京东到家、顺丰优选、尚作有机等冷链电商的不断产生,使农产品冷链市场份额不断扩大,网购农产品消费需求得以实现。如顺丰依托四川成都的蒲江猕猴桃特色优势,开展农产品冷链电商服务,使旺季订单日均可达几千单甚至上万单。

近年来,我国政府因势利导出台了多项政策措施发展冷链物流,大力推广先进的冷链物流理念与技术,鼓励开展冷链共同配送、"生鲜电商+冷链宅配"、"中央厨房+食材冷链配送"等经营模式创新,对现代农产品流通体系建设、农产品质量安全水平提升和消费者信心逐步增强起到了积极的促进作用。整体看,随着冷链物流体系的不断健全和发展,网购农产品品质和竞争力不断提升,网购农产品消费与冷链物流的结合将愈加紧密,网购农产品消费量将不断提高。

第六节　促进网购农产品消费的政策建议

一、深化供给侧结构性改革,构建需求导向的现代农业生产体系

经过多年不懈努力,我国创造性地解决了人口大国长时期农产品供给总量不足的问题。当前,农业的主要矛盾突出表现为阶段性供过于求和供给不足并存的供给侧结构性矛盾。要以不断深化农业供给侧结构性改革为主线,持续优化农业生产体系,实现我国农业向提质增效和可持续发展转变。

在推进农业供给侧改革的过程中,要围绕消费需求组织农业生产经营,构建需求导向的现代农业生产体系,增强农业生产体系适应需求、引导需求

---

① 苏宁小店正式入京 2018 年计划全国新开 1500 家 [EB/OL]. (2018-01-26) https://www.jie-mian.com/article/1907095_ uc. html.

和创造需求的能力；着力解决过度依赖资源消耗、主要满足量的需求导致的结构性矛盾，减少不适应消费需求变化的无效和低端农产品供给；突出体现绿色生态可持续和满足消费者对品种和质量的需求，增强农业生产体系和农产品供给结构对需求变化的适应性和灵活性。

二、支持新型农业经营主体发展，提高标准化、优质农产品供给

逐步完善保障新型农业经营主体发展的支持政策，发挥新型农业经营主体的引导、示范和带头作用，鼓励新型农业经营主体适应产业融合的需要，在农产品加工、农产品电子商务和农产品网购等方面不断融合和创新。通过新型农业经营主体的发展壮大，克服农业小规模分散经营的非组织化弊端，提高农业生产的标准化、规模化和市场化程度，提升农产品供给的质量和竞争力。

支持新型农业经营主体实施标准化、规范化生产，深化农业标准化在生产环节的应用，借鉴国际经验推行农业规范化生产，积极开展种植养殖 GAP、食品生产 GMP、加工领域 HACCP。鼓励各地结合农业生产过程和农户生产实际，普及推广安全农产品生产操作规程，通过安全农产品生产示范基地建设，引导、规范农业生产行为，为消费市场提供标准化、有竞争力的农产品，解决优质农产品供给不足的问题。

三、适应消费升级的需要，提升农产品质量和品牌水平

当前，我国城乡居民收入水平稳步提高，消费结构加快升级，消费者对农产品不再单纯追求数量上的满足，对农产品的品质、质量等有了更高的要求，对绿色优质农产品产生了旺盛需求，吃得好、吃得营养健康成为消费升级的重要表现。为此，应坚持不懈地推进质量兴农，突出优质、安全、绿色导向，保障农产品质量安全，满足消费升级的需要。应逐步建立产品标识和基层档案制度，奠定农产品可追溯体系有效运行的基础；鼓励大型农产品加工龙头企业、农民合作社牵头进行特色农产品可追溯体系建设，加快推进现代信息技术在生产经营各环节的推广应用，构建覆盖农产品供应链全过程的质量安全可追溯体系和风险治理体系，提高农产品质量安全水平和消费者的认知度、信任度。

品牌消费日益成为农产品消费需求新的增长点，尤其是网购农产品消费

对品牌的依赖度逐渐增强。应依托各地优势产业、传统文化资源，加大品牌整合与宣传推广，加强区域农产品公共品牌、企业品牌、农产品品牌的培育，打造地方优势特色品牌，改造提升传统名优品牌，强化品牌保护；开展农业品牌目录制度试点工作，加强品牌农产品的动态监管，确保农产品品牌的权威性和影响力。

四、大力发展农业农村信息化，构建现代农产品流通体系

信息化是驱动农业现代化的先导力量，信息社会的到来为农业农村信息化发展提供了前所未有的良好环境。虽然我国农业农村在生产信息化、经营信息化、管理信息化、服务信息化以及基础支撑能力建设方面取得了明显进展，但是还存在城乡之间、东中西部地区之间信息化差距较大，农业农村信息化总体水平不高、基础薄弱、发展滞后等问题，信息化对农业现代化的先导力量的作用尚未充分显现。尤其迫切需要运用信息技术精准对接产销，依靠信息技术提升农产品流通质量效率。

因此，要借助"互联网+"农业和"数字乡村"战略的实施，加快现代农产品流通体系建设。紧紧围绕农产品电子商务和网购农产品消费的快速发展，做好农产品采集预冷、分等分级、包装仓储、冷链物流等基础设施建设，推动农产品标准化、品牌化发展，解决农产品流通"最先一公里"的损耗严重、附加值不高、缺乏竞争优势、产区滞销等问题。加快推进农村数字经济产业化，依托电商平台和冷链物流体系建设，打造农产品销售网络和城乡服务中心，推动农产品上行，着力解决农产品流通信息不畅、渠道不畅等问题。促进线上线下深度融合，加强农产品物流骨干网络建设，大力支持冷链宅配、网点自提、便利店配送、社区直配等配送方式，打通农产品流通"最后一公里"渠道。

第七章 网购食品消费者选择行为研究

第一节 现实状况与文献回顾

互联网的快速普及发展，促使人们的生活方式和消费方式发生了深刻变化，生鲜电商和食品网购成为人们消费食品更为便利的购买方式。2017 年，生鲜电商市场交易规模达到 1418 亿元，线上市场渗透率达到 7.9%。[①] 面对生鲜电商巨大的市场交易规模和市场增长率、市场渗透率进一步提升的空间，生鲜电商企业不断通过场景创新、品类升级、优质优价、消费体验等方式影响消费者购买行为，以满足及时性、个性化和多样化的消费需求。毫无疑问，生鲜电商和食品网购缓解了供需之间的时间和空间矛盾，降低了消费者市场交易成本。而且，从消费者消费观念、消费方式和收入水平变化趋势看，食品网购理应是消费者购买食品的重要渠道。然而现实的情况是，尽管食品网购领域活跃用户在逐步增长，但是相比综合电商领域全网活跃用户 70.3% 的渗透率，食品网购的市场渗透率还很低，尤其是具有高频和刚需特性的生鲜食品线上活跃用户渗透率仅为 2%，用户黏性也明显不足。[②] 有研究发现，消费者对产品安全以及质量期望越高，通过网络购买的意向越低（何德华等，2014）。[③] 因此，对网购食品的消费选择存在两种倾向：生活消费方式的变化使网购意愿增强；线上购买不利于感知食品质量和安全属性使网购意愿减弱。这两种倾向是矛盾的，与食品网购领域活跃用户在逐步增长，但线上市场渗透率不高、用户黏性不足的实际情况是匹配的。

如何影响消费者对网购食品的购买选择行为，是生鲜电商和食品网购迅速发展背景下人们普遍关注的问题。生鲜电商企业需要以产品和服务创新为

---

① https://www.sohu.com/a/224167197_649545.
② 2018 中国生鲜电商行业报告出炉 ［EB.OL］. 2018-02-26.
③ 何德华，韩晓宇，李优柱. 生鲜农产品电子商务消费者购买意愿研究 ［J］. 西北农林科技大学学报（社会科学版），2014（4）：86-91.

导向，通过整合供应链的内外部资源来提高核心能力，而消费者需求的改变也进一步促使电商企业进行产品和服务创新（但斌等，2018）。① 王克喜、戴安娜（2017）认为，影响消费者购买决策的因素一方面来自个人特征和心理因素②等消费者自身因素；另一方面来自社会文化、家庭背景等外部环境因素。对于生鲜农产品的网购需求较低的情况，应通过消费体验增进消费者对产品质量安全的信任（邵腾伟，2018）。③ 消费者对于生鲜产品种类、农产品品牌的认知度越高，对网购生鲜产品的意愿越高，且产品品牌认知对消费者的网购生鲜意愿影响更大（吴自强，2015）。④ 对于网购食品，多数人认为产品新鲜度、实物质量与描述不符，生鲜产品来源不清和虚假评价误导消费者是目前存在的主要问题（张乐等，2018）。⑤ 尤其当消费者对产品的质量和安全预期越高时，感知风险越大（崔艳红，2016）；⑥ 而只有当消费者感知风险越低，消费者选择网购生鲜农产品的意向才会越明确（吴春霞，2017）。⑦ 然而，在网络购物迅速发展的背景下，网络交易的虚拟性、隐蔽性和不确定性特征都成为使消费者感知风险加重的因素，在一定程度上阻碍了消费者对网购食品的选择。

生鲜电商企业之间产品和服务的竞争，最终要体现在对消费者的竞争上。因此，深入了解消费者网购食品选择行为，对推动生鲜电商高质量可持续发展具有重要意义。本书基于网购食品消费者选择行为调查，研究影响消费者网购食品选择行为的关键因素，并为生鲜电商发展提供相应的建议。

① 但斌，郑开维，吴胜男，邵兵家．"互联网+"生鲜农产品供应链 C2B 商业模式的实现路径——基于拼好货的案例研究 [J]．经济与管理研究，2018（2）：65-78，

② 王克喜，戴安娜．基于 Logit 模型的绿色生鲜农产品网购意愿的影响因素分析 [J]．湖南科技大学学报（社会科学版），2017（3）：87-93.

③ 邵腾伟，吕秀梅．基于消费者主权的生鲜电商消费体验设置 [J]．中国管理科学，2018（8）：118-126.

④ 吴自强．生鲜农产品网购意愿影响因素的实证分析 [J]．统计与决策，2015（20）：100-103.

⑤ 张乐，王晓霞，张云清，庞博，王芳，刘雯，欧阳喜辉．网购对北京市居民"三品一标"生鲜农产品消费行为影响研究 [J]．农产品质量与安全，2018（5）：33-36.

⑥ 崔艳红．网购生鲜农产品的感知风险维度及网络营销策略研究 [J]．农业经济，2016（5）：138-140.

⑦ 吴春霞．消费者网购生鲜农产品态度及意愿——基于北京市的实证调查 [J]．中国农学通报，2017（30）：158-164.

第二节 数据来源与样本描述

一、数据来源

本书采用问卷调查的方法对消费者网购食品选择行为进行深入分析，所用数据来源于 2018 年 4 至 6 月对网购食品消费者开展的网购食品相关问题的问卷调查。调查问卷以网上问卷为主，借助具有专业性的问卷星调研平台进行电子问卷设计实施调研。

问卷整体包括三大部分内容：第一部分是网购食品消费者的基本信息；第二部分是网购食品消费者选择行为状况，主要调查消费者对待食品网购的态度、影响消费者网购食品的原因、网购食品类别和频率以及消费者在网购食品过程中遇到的安全问题等；第三部分是消费者对未来网购食品风险的看法，包括消费者对维权行为及维权效果的评价等。

本次网络调查充分利用了问卷星调研平台、微信等工具多渠道地进行问卷发放，共收回有效电子问卷 1790 份。数据来源覆盖国内各个省、自治区和直辖市的消费者，涵盖群体范围广，具有较好的广泛性和一定的代表性。消费者的基本样本资料特征见表 7-1。

二、样本描述

从表 7-1 中可以看出，样本具有如下特征：接受网购食品调研的男性消费者占 54.92%，女性占 45.08%，男性消费者的数量略多于女性。接受调研者的年龄构成主要集中在 18~28 岁，占比达 58.44%，表明在网购食品的消费者人群中，青年为消费者的主流群体，网购食品的消费者选择行为可能带有一般年轻人的消费特点。不过，29~40 岁和 41~65 岁的消费者分别占 18.72% 和 21.84%，因此，目前进行网购食品的消费者具有一定的普遍性。从接受调研者的受教育程度来看，大学本科学历的消费者居多，占比为 37.88%，可能与当代大学生的消费爱好和购物体验有关；具有硕士以上学历者也较多，占 27.10%。从接受调研者的个人月收入情况来看，37.21% 的消费者个人月收入在 3500 元以下，22.4% 的消费者月收入在 3500~8000 元，说明大部分网购食品消费者的月收入处于中等水平，这可能同网购食品以青年消费群体为主有关。

表 7-1　消费者的基本样本资料特征

统计指标	指标分类	样本数（份）	比例（%）
性别	男	983	54.92
	女	807	45.08
年龄	17 岁及以下	17	0.95
	18~28 岁	1046	58.44
	29~40 岁	335	18.72
	41~65 岁	391	21.84
	66 岁及以上	1	0.06
受教育程度	初中及以下	226	12.63
	高中或专科	401	22.4
	大学本科	678	37.88
	硕士研究生	259	14.47
	博士研究生	226	12.63
个人月收入	3500 元以下	666	37.21
	3500~8000 元	401	22.4
	8000~12000 元	285	15.92
	12000 元以上	438	24.47

第三节　消费者个性特征对消费者网购食品选择行为的影响

消费者的个性特征差异会直接影响消费者对网购食品的态度，进而影响消费者对网购食品的选择。

一、消费者网购食品态度及其与消费者个性特征的关系分析

在研究消费者个性特征对网购食品选择行为的影响之前，需要先了解消费者对网购食品持有的态度。为此，问卷设置了"您对食品网购持怎样的态度"这一问题。调查结果显示，对网购食品持不放心态度、从不网购食品的消费者占比为 16.59%；持怀疑态度但偶尔网购食品的消费者占比为 16.09%；占比最大的是对网购食品持乐观态度且愿意增加网购食品次数的消费者，占

比达 25.81%。此外，还有较大比例的消费者对网购食品持中立态度，占 24.53%；有 16.98% 的消费者认为网购食品很放心，经常网购食品（见表 7- 2）。由此说明，42.79% 的消费者对网购食品还是持乐观、认可的态度，进一步考虑持中立态度的消费者，可以说消费者对网购食品的选择意愿比较强。

表 7-2　消费者对网购食品的态度

态度	频次/人	比例/%
不放心，从不网购食品	297	16.59
持怀疑态度的偶尔网购食品（在未来将减少购买次数）	288	16.09
持乐观态度的偶尔购买（在未来将增加购买次数）	462	25.81
对网购持中立态度	439	24.53
很放心，经常网购食品	304	16.98

基于消费者对网购食品态度的状况，进一步对消费者个性特征和网购食品态度进行 Pearson 相关性检验，以确定影响消费者网购食品态度的个性特征因素，检验结果见表 7-3。

表 7-3　消费者个性特征与网购食品态度的相关性检验

		性别	年龄	受教育程度	每月收入
消费者食品网购态度	皮尔逊相关性	0.034	-0.056*	0.033	-0.070**
	显著性（双尾）	0.154	0.018	0.159	0.003
	个案数	1790	1790	1790	1790

*. 在 0.05 级别（双尾），相关性显著；**. 在 0.01 级别（双尾），相关性显著

从表 7-3 中可以看出，消费者年龄的 P 值为 0.018，月收入的 P 值为 0.003，分别在 5% 和 1% 的显著性水平下表现显著，说明消费者的年龄和月收入与消费者对网购食品所持态度显著相关。而且，消费者年龄和月收入的 Pearson 相关系数分别为 -0.056 和 -0.07，可知消费者的年龄和月收入与消费者对网购食品所持态度呈显著负相关。因此，本书主要从年龄和月收入两个方面出发，以年龄和收入对消费者网购食品态度进行交叉分析，研究消费者网购食品态度与消费者个性特征的关系。

根据交叉频率表（见表 7-4），从消费者年龄来看，17 岁及以下和 18~28 岁的消费者选择对网购食品持"乐观"态度的较多，分别为 29.4% 和 27.6%。29~40 岁和 41~65 岁的消费者对网购食品持"中立"

态度所占比重较大，分别为 25.4% 和 25.8%，而且这两个年龄段的消费者持"怀疑"和"不放心"态度的比例也较大，合计为 31.2% 和 37.8%。因此，年龄越大的消费者对网购食品所持态度越不积极，在未来增加购买的意愿也不强。

表 7-4　消费者年龄、月收入与网购食品态度交叉频率表

个性特征	分类	网购食品态度（%）				
		很放心	中立	乐观	怀疑	不放心
年龄	17 岁及以下	23.5	11.8	29.4	23.5	11.8
	18~28 岁	17.3	24	27.6	16.3	14.8
	29~40 岁	20	25.4	24.2	14.6	15.8
	41~65 岁	13.3	25.8	22.3	16.6	22
	66 岁及以上	0.0	0.0	0.0	0.0	100.0
收入	3500 元以下	13.5	28.5	31.5	14.4	12.0
	3500~8000 元	17.7	24.2	26.7	16.2	15.2
	8000~12000 元	21.4	24.9	18.2	15.4	20.0
	12000 元以上	18.7	18.5	21.2	18.9	22.6

从消费者月收入来看，在 3500 元以下和 3500~8000 元的消费者选择对网购食品持"乐观"态度的较多，分别占比 31.5% 和 26.7%。月收入在 8000~12000 元的消费者对网购食品持"中立"态度的比例较大，占 24.9%。但是也有 28.5% 的月收入 3500 元以下的消费者持"中立"态度，说明低收入消费者网购食品也比较慎重。而月收入在 12000 元以上的消费者对网购食品持"怀疑"和"不放心"态度的比例很高，合计为 41.5%。因此，可以表明消费者收入越高，对网购食品越不支持。

总的来看，消费者年龄越大、收入水平越高，越易对网购食品产生怀疑态度，甚至从不在网上购买食品。

二、持不同态度的消费者选择/不选择网购食品的主要原因

1. 持不同态度的消费者选择网购食品的主要原因

根据消费者网购食品态度与消费者网购食品原因的交叉分析，消费者无论持何种网购食品态度，"送货上门具有便捷性"这一因素具有明显的比例优势。其中，"对网购持中立态度"的消费者，选择"送货上门具有便捷性"

的比例为41.23%；"持乐观态度的，偶尔购买"的消费者，选择"送货上门具有便捷性"的比例为40.48%；"很放心，经常网购食品"的消费者，选择"送货上门具有便捷性"的比例为34.21%（见表7-5）。因此，"送货上门具有便捷性"是消费者选择网购食品的主要原因。

表7-5　消费者网购食品态度与消费者选择网购食品原因的交叉频率表

	曾经的良好网购体验	乐于尝试新的购买方式	相信好质量商品多于劣质商品	价格较实体店铺优惠	送货上门具有便捷性	权威人士对网购推崇的意见	受身边人好的口碑影响
不放心，从不网购食品	10.1%	17.17%	12.12%	16.84%	16.16%	12.79%	16.84%
持怀疑态度的偶尔网购食品	15.97%	18.4%	18.06%	23.96%	25%	11.11%	15.97%
持乐观态度的偶尔购买	31.6%	26.41%	22.51%	38.74%	40.48%	8.44%	24.46%
对网购持中立态度	20.73%	23.01%	20.05%	33.71%	41.23%	7.29%	25.97%
很放心，经常网购食品	29.61%	24.01%	17.76%	28.95%	34.21%	10.86%	17.76%

另外，通过交叉分析也发现，"持乐观态度的，偶尔购买""对网购持中立态度""很放心，经常网购食品"的消费者群体，选择网购食品的因素更倾向多样化，比例相对"不放心，从不网购食品""持怀疑态度的偶尔网购食品"消费者群体更高一些。因此，应从多因素着手激励消费者网购选择行为。

通过对"送货上门具有便捷性"与消费者个性特征及其他因素进行Pearson相关性检验，以确定影响"送货上门具有便捷性"的个性特征因素及其他因素。检验结果见表7-6。

表 7-6　"送货上门具有便捷性"与消费者个性特征及其他因素的相关性检验

	性别	年龄	受教育程度	月收入	曾经的良好网购体验	相信好质量商品多于劣质商品	乐于尝试新的购买方式	价格较实体店铺优惠	权威人士对网购推崇的意见	受身边人好的口碑影响
送货上门具有便捷性　皮尔逊相关性	0.158**	0.013	0-.014	-0.184**	0.062**	-0.026	0.002	0.180**	-0.138**	0.004
显著性（双尾）	0.000	0.579	0.547	0.000	0.009	0.275	0.932	0.000	0.000	0.871
个案数	1790	1790	1790	1790	1790	1790	1790	1790	1790	1790

*．在 0.05 级别（双尾），相关性显著；**．在 0.01 级别（双尾），相关性显著。

从表7-6中可以看出，消费者性别的 P 值、"价格较实体店铺优惠"的 P 值，分别在5%和1%的显著性水平下表现显著，而且消费者性别和"价格较实体店铺优惠"的 Pearson 相关系数分别为0.158和0.180，说明消费者的性别、"价格较实体店铺优惠"因素与"送货上门具有便捷性"因素呈显著正相关。而且，选择"送货上门具有便捷性"的消费者中女性消费者的比例最高，为41.26%（见表7-7）。同时，"价格较实体店优惠"也是影响消费者选择网购的重要因素，选择"价格较实体店铺优惠"的消费者中女性消费者比例为37.05%。因此，"送货上门具有便捷性"和"价格较实体店铺优惠"两个因素同时存在，将对消费者网购产生更大的影响。

表7-7 消费者个性特征与影响因素的交叉分析表

X/Y	曾经良好网购体验	乐于尝试新的购买方式	相信好质量商品多于劣质商品	价格较实体店铺优惠	送货上门具有便捷性	权威人士对网购推崇的意见	受身边人好的口碑影响
男	18.62%	18.21%	18.11%	23.91%	26.35%	10.48%	15.56%
女	27.26%	27.39%	19.33%	37.05%	41.26%	8.8%	27.76%

2. 持不同态度的消费者不选择网购食品的主要原因

根据消费者网购食品态度与消费者不选择网购食品原因的交叉分析，持不同态度的消费者不选择网购食品的主要原因是"认为网购的食品大多无质量保障"。其中，"不放心，从不网购食品"的消费者中，24.92%"认为网购的食品大多无质量保障"。"持怀疑态度的偶尔网购食品"的消费者中，27.43%"认为网购的食品大多无质量保障"。虽然其他态度的消费者比例相对较低，但"很放心，经常网购食品"的消费者中，仍有11.18%"认为网购的食品大多无质量保障"（见表7-8）。因此，如何提升网购食品的质量水平，保障网购食品的质量安全，对消费者网购食品的态度将产生极大影响。

表 7-8   消费者网购食品态度与消费者不选择网购食品原因的交叉频率表

	受权威人士对网购否定意见影响	某些网购负面新闻报道	浏览食品网购差评	身边人对网购的负面口碑	曾经的网购失败得不到合理解决	认为网购的食品大多无质量保障	习惯传统购买方式
不放心，从不网购食品	15.49%	17.51%	10.77%	13.47%	12.12%	24.92%	23.23%
持怀疑态度的偶尔网购食品	14.24%	29.17%	23.26%	17.01%	17.71%	27.43%	22.92%
持乐观态度的偶尔购买	6.93%	4.11%	5.41%	5.84%	6.28%	7.58%	5.41%
对网购持中立态度	6.83%	6.61%	7.52%	6.83%	5.24%	6.61%	5.47%
很放心，经常网购食品	7.24%	12.17%	9.21%	8.22%	8.88%	11.18%	10.86%

另外，通过交叉分析也发现，"持怀疑态度的偶尔网购食品"的消费者群体，对各种因素的占比都较高，如"某些网购负面新闻报道"为 29.17%，"认为网购的食品大多无质量保障"为 27.43%，"浏览食品网购差评"为 23.26%，"习惯传统购买方式"为 22.92%。因此，"持怀疑态度的偶尔网购食品"的消费者群体，更容易受到各种不利因素的影响。

通过对"认为网购的食品大多无质量保障""某些网购负面新闻报道""浏览食品网购差评"与消费者个性特征及其他因素进行 Pearson 相关性检验，以确定这些影响消费者不选择网购食品原因的个性特征因素及其他因素。检验结果见表 7-9。

表7-9 不选择网购食品的主要原因与消费者个性特征及其他因素的相关性检验

		性别	年龄	受教育程度	月收入	受权威人士对网购否定意见影响	某些网购负面新闻报道	浏览食品网购差评	身边人的对网购的负面口碑	曾经的网购失败得不到合理解决	认为网购的食品大多无质量保障	习惯传统购买方式
某些网购负面新闻报道	皮尔逊相关性	-0.263**	0.050*	0.051*	0.373**	0.956**	1	0.961**	0.958**	0.958**	0.955**	0.953**
	显著性（双尾）	0.000	0.034	0.032	0.000	0.000		0.000	0.000	0.000	0.000	0.000
	个案数	1790	1790	1790	1790	1790	1790	1790	1790	1790	1790	1790
浏览食品网购差评	皮尔逊相关性	-0.260**	0.038	0.051*	0.379**	0.960**	0.961**	1	0.962**	0.962**	0.957**	0.957**
	显著性（双尾）	0.000	0.107	0.031	0.000	0.000	0.000		0.000	0.000	0.000	0.000
	个案数	1790	1790	1790	1790	1790	1790	1790	1790	1790	1790	1790
认为网购的食品大多无质量保障	皮尔逊相关性	-0.251**	0.062**	0.032	0.360**	0.953**	0.955**	0.957**	0.955**	0.956**	1	0.955**
	显著性（双尾）	0.000	0.009	0.170	0.000	0.000	0.000	0.000	0.000	0.000		0.000
	个案数	1790	1790	1790	1790	1790	1790	1790	1790	1790	1790	1790

**. 在0.01级别（双尾），相关性显著。 *. 在0.05级别（双尾），相关性显著。

从表 7-9 中可以看出,对于"某些网购负面新闻报道"因素,消费者的个性特征及其他因素的 P 值都分别在 5% 和 1% 的显著性水平下表现显著,且多呈显著正相关。对于"浏览食品网购差评"因素和"认为网购的食品大多无质量保障"因素,消费者的个性特征及其他因素的 P 值也几乎都分别在 5% 和 1% 的显著性水平下表现显著,且多呈显著正相关。而且,选择"认为网购的食品大多无质量保障"的消费者中男性消费者的比例为 14.24%,女性消费者的比例为 13.75%,相差不多。选择"某些网购负面新闻报道"和"浏览食品网购差评"两个因素的男女消费者比例也非常接近(见表 7-10)。

表 7-10   消费者性别特征与消费者不选择网购食品原因的交叉频率表

X \ Y	受权威人士对网购否定意见影响	某些网购负面新闻报道	浏览食品网购差评	身边人的对网购的负面口碑	曾经的网购失败得不到合理解决	认为网购的食品大多无质量保障	习惯传统购买方式
男	122 (12.41%)	137 (13.94%)	108 (10.99%)	94 (9.56%)	105 (10.68%)	140 (14.24%)	124 (12.61%)
女	49 (6.07%)	84 (10.41%)	77 (9.54%)	77 (9.54%)	61 (7.56%)	111 (13.75%)	93 (11.52%)

从消费者年龄和月收入特征情况看,选择"认为网购的食品大多无质量保障"的消费者中,月收入在 12000 元以下、年龄为 18~28 岁和 41~65 岁的消费者比例较高。选择"某些网购负面新闻报道"的消费者,主要集中在 17 岁及以下/月收入 3500 元以下、29~40 岁/月收入 12000 元以上、18~28 岁/月收入 8000~12000 元三个特征的消费者群体(见表 7-11)。

表 7-11   消费者年龄、月收入特征与消费者不选择网购食品原因的交叉频率表

	受权威人士对网购否定意见影响	某些网购负面新闻报道	浏览食品网购差评	身边人的对网购的负面口碑	曾经的网购失败得不到合理解决	认为网购的食品大多无质量保障	习惯传统购买方式
17 岁及以下/3500 元以下	3 (21.43%)	4 (28.57%)	3 (21.43%)	2 (14.29%)	2 (14.29%)	2 (14.29%)	1 (7.14%)
17 岁及以下/3500~8000 元	0 (0%)	0 (0%)	0 (0%)	0 (0%)	1 (50%)	0 (0%)	0 (0%)
18~28 岁/3500 元以下	28 (5.97%)	45 (9.59%)	41 (8.74%)	30 (6.4%)	29 (6.18%)	51 (10.87%)	50 (10.66%)
18~28 岁/3500~8000 元	20 (11.11%)	18 (10%)	21 (11.67%)	22 (12.22%)	19 (10.56%)	24 (13.33%)	19 (10.56%)

续表

	受权威人士对网购否定意见影响	某些网购负面新闻报道	浏览食品网购差评	身边人的对网购的负面口碑	曾经的网购失败得不到合理解决	认为网购的食品大多无质量保障	习惯传统购买方式
18~28 岁/ 8000~12000 元	23 (15.33%)	25 (16.67%)	17 (11.33%)	22 (14.67%)	17 (11.33%)	25 (16.67%)	15 (10%)
18~28 岁/ 12000 元以上	31 (12.55%)	32 (12.96%)	42 (17%)	35 (14.17%)	32 (12.96%)	32 (12.96%)	34 (13.77%)
29~40 岁/ 3500 元以下	11 (14.86%)	7 (9.46%)	4 (5.41%)	5 (6.76%)	3 (4.05%)	10 (13.51%)	10 (13.51%)
29~40 岁/ 3500~8000 元	8 (8.79%)	11 (12.09%)	4 (4.4%)	11 (12.09%)	9 (9.89%)	6 (6.59%)	10 (10.99%)
29~40 岁/ 8000~12000 元	12 (16.67%)	8 (11.11%)	6 (8.33%)	7 (9.72%)	10 (13.89%)	9 (12.5%)	6 (8.33%)
29~40 岁/ 12000 元以上	8 (8.16%)	18 (18.37%)	10 (10.2%)	10 (10.2%)	8 (8.16%)	15 (15.31%)	14 (14.29%)
41~65 岁/ 3500 元以下	7 (6.42%)	17 (15.6%)	8 (7.34%)	9 (8.26%)	7 (6.42%)	26 (23.85%)	15 (13.76%)
41~65 岁/ 3500~8000 元	2 (1.56%)	12 (9.38%)	15 (11.72%)	4 (3.13%)	9 (7.03%)	24 (18.75%)	22 (17.19%)
41~65 岁/ 8000~12000 元	5 (7.94%)	8 (12.7%)	5 (7.94%)	5 (7.94%)	6 (9.52%)	18 (28.57%)	9 (14.29%)
41~65 岁/ 12000 元以上	13 (14.29%)	16 (17.58%)	9 (9.89%)	9 (9.89%)	14 (15.38%)	9 (9.89%)	11 (12.09%)
66 岁及以上/ 12000 元以上	0 (0%)	0 (0%)	0 (0%)	0 (0%)	0 (0%)	0 (0%)	1 (100%)

三、网购食品类别及其与消费者个性特征的关系分析

随着电商平台和物流配送的发展日益成熟，越来越多的食品能够通过网络销售，消费者网购食品可供选择的类别也随之增多。为此，调查问卷中设计的问题是："您网购过的食品类别"。图 7-1 显示了消费者网购食品的主要类别的情况。

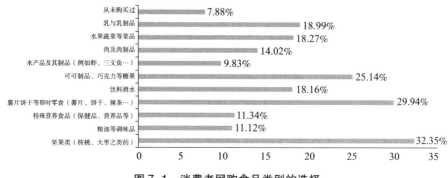

图7-1 消费者网购食品类别的选择

调查结果显示，消费者网购最多的食品是坚果类（核桃、大枣等食品），占比达32.35%。其次是薯片饼干等即食零食类（薯片、饼干、辣条等食品），占比为29.94%。可可制品、巧克力等糖果类食品，消费者网购的也较多，占比为25.14%。此外，乳与乳制品为18.99%、水果蔬菜为18.27%、肉及肉制品为14.02%、水产品及其制品为9.83%，这些生鲜食品占比总计达61.11%，是近年来增长快速的网购食品类别。

另外，研究中还对消费者网购食品类别的频率进行了调查，并通过消费者对购买食品类别频率的排序情况，计算出了每一类别的综合得分。得分结果显示，消费者网购最多的食品是薯片、饼干等即食零食类食品，得分为3.14。其次是坚果类食品，得分为3.11。然后是可可制品、巧克力等糖果类，得分为2.49（如图7-2所示）。由此可以得出，消费者网购即食零食类、坚果类和糖果类食品最多。

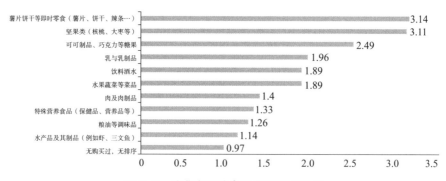

图7-2 消费者网购食品类别频率排序

消费者网购食品的类别与消费者个性特征有着密切的关系。因此，本书基于消费者网购食品类别的分析，分别从年龄、月收入和受教育程度等方面进一步分析消费者个性特征对网购食品类别选择的影响（见表7-12）。

表7-12 消费者不同年龄、收入、受教育程度与网购食品类别交叉频率表

单位:%

个性特征	分类	网购食品类别										
		从未购买过	乳与乳制品	水果、蔬菜等菜品	肉及肉制品	水产品及其制品	可可制品、巧克力等糖果	饮料酒水	薯片、饼干等即食零食	特殊营养食品（如保健品）	粮油等调味品	坚果类（核桃、大枣等）
年龄	17岁及以下	0.0	58.8	35.3	11.8	11.8	64.7	29.4	70.6	11.8	11.8	70.6
	18~28岁	6.6	19.3	17.9	14.4	9.1	29.0	19.7	35.1	11.6	9.9	32.6
	29~40岁	6.6	18.2	19.7	14.6	11.6	21.5	20.6	25.1	12.8	14.3	26.3
	41~65岁	12.8	17.1	17.4	12.5	10.2	16.4	11.5	18.7	9.5	11.5	35.0
	66岁及以上	0.0	0.0	0.0	0.0	0.0	0.0	0.0	0.0	0.0	0.0	100
月收入	3500元以下	9.2	25.4	22.2	15	8.0	37.1	21.8	49.7	11.1	8.7	45.5
	3500~8000元	6.2	18.7	21	15.5	9	22.9	18.7	25	12.2	17.5	34.7
	8000~12000元	10.5	12.6	14.4	15.1	14.0	14.4	15.1	16.1	10.5	12.3	21.4
	12000元以上	5.7	13.7	12.3	10.5	10.7	16	14.2	13.5	11.4	8.2	17.4
受教育程度	初中及以下	10.2	7.1	10.6	6.6	11.1	12.4	8.9	13.3	9.3	7.1	12.8
	高中或专科	9.7	13.2	16.7	11.5	7.2	20.5	14.2	25.4	9.0	11.5	35.4
	大学本科	7.1	28.6	23.7	18.4	10.2	37.6	27.1	48.5	12.7	12.7	48.2
	硕士研究生	5.4	14.3	15.8	14.7	12.4	20.1	13.5	17.8	13.1	10.8	17.0
	博士研究生	7.5	17.7	15.0	11.9	9.3	14.6	12.8	12.8	11.5	10.2	16.4

从年龄与网购食品类别的交叉分析结果看，17岁及以下和18~28岁的消费者比较喜欢购买坚果类、即食零食类、糖果类和乳与乳制品类食品，且购买坚果类和即食零食类食品的比重较大。28岁以上的消费者则购买坚果类食品较多，购买即食零食类食品和糖果类食品的比重逐步下降，购买饮料酒水类、果蔬类、乳与乳制品类食品也占有较大比重，从未网购食品的消费者比重有所上升。因此，不同年龄的消费者网购食品的类别和意愿存在不同，坚果类、薯片等即食零食类、糖果类以及乳品类食品，便于物流配送，品质不易发生变化，为大多数消费者普遍购买。而粮油类及生鲜类食品，多为29~

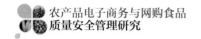

40 岁及以上消费者网购。

从月收入与网购食品类别的交叉分析结果看，月收入 3500 元以下的消费者购买薯片类食品最多，为 49.7%；其次是坚果类（45.5%）和糖果类（37.1%）食品。月收入 3500~8000 元的消费者购买坚果类食品最多，为 34.7%；薯片类和糖果类食品虽然仍为这一收入水平的较多消费者选择，但所占比重有所下降，分别为 25% 和 22.9%。月收入 8000~12000 元及月收入 12000 元以上的消费者，网购各类食品的比重较为接近，但消费者选择购买坚果类食品仍为最多。因此，随着收入的增加，消费者网购食品类别呈现出较均衡的状态，物流条件和品质保障的影响对不同收入消费者网购食品类型的选择带来差异。

从受教育程度与网购食品类别交叉分析结果看，具有高中或高职学历的消费者，选择网购坚果类、薯片等即食零食类和糖果类食品的比重较大，分别为 35.4%、25.4% 和 20.5%；而选择果蔬、乳制品、肉制品和水产品等生鲜类食品的比重较小，分别为 16.7%、13.2%、11.5% 和 7.2%。具有大学本科学历的消费者，虽然选择网购坚果类、薯片等即食零食类和糖果类食品的比重很大，超过了具有高中或高职学历的消费者，但是，网购生鲜类食品的比重相比具有高中或高职学历的消费者提升很多。具有硕士和博士研究生学历的消费者，网购各类食品的比重相差不大，说明受教育程度较高的消费者，更倾向于通过网购满足多样化的食品需求。

第四节 影响消费者网购食品选择行为的因素分析

一、促进因素

（1）良好的网购环境。良好的网购环境包括网购带给消费者的良好体验、网购方式的易于接受程度、配送的便捷性以及良好的口碑等因素，这些因素对消费者网购食品选择行为起到积极的影响。

调查结果显示，对于促使消费者选择网购食品的主要因素，33.07% 的消费者认为是"送货上门具有便捷性"，22.51% 的消费者认为是"曾经的良好网购体验"，22.35% 的消费者认为是"乐于尝试新的购买方式"，21.06% 的消费者认为是"受身边人好的口碑影响"（见表 7-13）。因此，当消费者在网购过程中无法凭借感官对食品质量、安全、新鲜程度、损伤程度等直接做出判断时，食品电商企业应从提供送货上门等服务以增加配送的便捷性、增进消费者网购食品的良好体验、推出消费者易于接受的网购方式、主动维持自身信誉避免负面评价等方面，营造良好的网购环境，激发消费者对网购食品的乐观、放心态度，以提升线上市场渗透率和增强用户黏性。

表 7-13　影响消费者网上购买食品的因素

选项	样本数（份）	比例（%）
曾经的良好网购体验	403	22.51
乐于尝试新的购买方式	400	22.35
送货上门具有便捷性	592	33.07
权威人士对网购推崇的意见	174	9.72
受身边人好的口碑影响	377	21.06
本题有效填写人次	1790	

（2）物美价廉的食品。随着收入的不断增长，消费者在食品的消费上更加注重品质、安全性和新鲜度，关注营养的全面性和品种的多样化，网购突破了时空限制，满足了消费者需求的变化。并且，配送到家、不同方式的促销等因素从不同方面节约了消费者的交易成本。总体而言，物美价廉的食品是促使消费者选择网购方式进行食品消费的重要原因。

调查结果显示，29.83%的消费者认为"价格较实体店铺优惠"是促使消费者选择网购食品的主要因素，18.66%的消费者选择了"相信好质量商品多于劣质商品"这一因素。而且，近年来越来越多的企业进入农产品电商和食品网络销售领域，网购农产品、食品销售额不断攀升，尤其是"双十一"等活动日的农产品、食品销售额连年创出新高，也证实了网络平台上物美价廉的食品吸引了越来越多的消费者选择网购方式进行消费。

（3）优质的网购服务。随着互联网技术和数字经济的快速发展，网购等新兴消费方式逐渐被更多消费者接受，实现了消费者对交易的便利化和消费的个性化、多样化的需求。选择网购食品的消费者，不仅是因为良好的网购环境和物美价廉的食品，还有优质的网购服务等因素。

调查结果显示，33.07%的消费者认为网购食品可以送货上门具有便捷性，22.51%的消费者愿意尝试新的购买方式。当网购食品出现质量安全问题时，27.37%的消费者表示愿意"与商家联系沟通"解决问题，而表示出现问题"商家不予解决"的比例相比其他维权途径较低，为11.51%。因此，随着网络购物这一新兴消费方式的不断发展，网购服务水平也得到快速提升。网购不仅是对传统消费渠道的有效补充，而且是当前消费升级的一个重要表现。

二、抑制因素

（1）对网购食品安全的担忧。在网购食品交易快速上升的同时，人们开始关注网购食品的质量安全问题。由于食品、农产品品质及标准化程度的差异，生产和消费的规模效益较差，从产地到销地的一体化冷链物流系统尚未形成等原因，网购食品的质量安全保障需要更多投入。而且，食品的类别多样、特性不同，对生产加工环境、储存运输条件、温度湿度控制等都有不同要求，供应链相对较长，容易产生质量安全问题。

调查结果显示，尽管越来越多的消费者网购各种类别的食品，但是由于网购的虚拟性、不确定性特征，消费者在网购食品过程中更为关注食品质量，担心出现各种类型的安全问题。其中，消费者最为担心的网购食品五大问题（按照平均综合得分排序）是：买到三无产品、食品本身变质不新鲜、国家规定的食品标签标识不全、收到实物与商家网上描述差距过大和包装破损、运输不达标，其平均综合得分分别是 3.14、2.72、2.4、1.97 和 1.93（见表 7-14）。因此，在网购食品消费快速增长的同时，应确保网购食品的外在特征和内在特征符合有关规定和消费实际需求，不断提升网购食品的质量安全水平，逐步消除消费者的担忧。

表 7-14　消费者食品网购过程中最担心出现的安全问题

选项	样本数（份）	比例（%）	平均综合得分
买到三无产品（无生产日期合格证和生产厂家）	478	26.7	3.14
食品本身变质不新鲜（含过期等）	239	13.35	2.72
国家规定的食品标签标识不全（食品类别、配料表、生产日期、保质期、营养含量等）	187	10.45	2.4
收到实物与商家网上描述差距过大	140	7.82	1.97
包装破损、运输不达标（如需冷链运输食品断链等运输不达标）	127	7.09	1.93
食品中违规超量使用添加剂（瘦肉精、甜蜜素、苏丹红等）	141	7.88	1.82
海外食品来源难以说清	142	7.93	1.59
购买到山寨食品（例如购买奥利奥买到了粤利粤）	117	6.54	1.47
对食品进行虚假宣传（例如普通牛肉说成是神户牛肉）	113	6.31	1.46
夸大保健品的功效	106	5.92	1.28
本题有效填写人次	1790		

（2）习惯于传统购物方式。网购面临的市场渗透率低、用户黏性明显不足问题，其主要原因在于单纯注重线上发展容易忽视消费体验，而传统购物方式所带来的消费体验优势，使很多消费者依然偏好于传统的购物方式，对网购食品持怀疑和不放心态度。从表 7-4 中可以看出，年龄越大、收入越高，对网购食品持怀疑和不放心态度的消费者越多。41~65 岁的消费群体中，一部分有较为固定的购物习惯，习惯于下班后到超市等实体场所购物，在家烹饪用餐，这部分消费者更习惯于传统购物方式。

调查结果也显示，一旦消费者遇到相应的食品安全问题，就会慎重选择网购甚至会不再网购食品，比例高达 63.35%（见表 7-15）。因此，应推动形成线上服务与线下体验深度融合的新零售格局，在实现线上零售模式创新的同时，通过线下消费体验等方式影响消费者购买行为。

表 7-15　食品安全问题对消费者未来食品网购态度产生的影响

选项	样本数（份）	比例（%）
没遇到此类问题	369	20.61
没有什么影响，不在乎，下次不买此产品即可	287	16.03
有一些影响，会慎重选择下次购买	636	35.53
有很大影响，对之后的网购持消极态度，甚至不再网购食品	498	27.82
本题有效填写人次	1790	

（3）网购维权的难度。关于网购食品及其质量安全，我国有《网络交易管理办法》《食品安全法》《电子商务法》等一系列法律法规及相关制度来保障消费者合法权益。但是，在实践中，由于网购食品的特殊复杂性，仍存在消费者维权困难问题，在一定程度上抑制了网购食品的消费。

调查结果显示，70.84% 的消费者尝试过维权，但仅有 16.7% 的消费者表示"得到了及时妥善的解决"，维权效果还不能让广大消费者满意。并且，消费者在维权过程中会面临很多困难，如 34.97% 的消费者认为"维权步骤烦琐，处理效率低，难以得到满意结果"，34.19% 的消费者认为"一般消费者维权意识不够，不知道有哪些具体方法，不明确自身权利"，27.04% 的消费者认为"管理部门对个体消费者不予以重视"（见表 7-16）。因此，网购维权困难会使消费者对网购食品产生消极态度，甚至会放大消费者的怀疑和不放心态度，不利于网购食品消费的进一步发展。

表7-16　网购食品安全问题消费者维权的难点

选项	样本数（份）	比例（%）
商家拒绝沟通	348	19.44
消费者未留存购买明细和问题食品等证据	406	22.68
管理部门对个体消费者不予以重视	484	27.04
消费者维权意识不够，不知道有哪些具体方法，不明确自身权利	612	34.19
维权步骤烦琐，处理效率低，难以得到满意结果	626	34.97
媒体或自媒体曝光后对维权无实质性帮助	320	17.88
本题有效填写人次	1790	

第五节　结论与建议

本书通过对1790份网购消费者的调查问卷分析，考察了消费者个性特征对消费者网购食品选择行为的影响和影响消费者网购食品选择行为的因素，研究了消费者网购食品选择行为，主要发现有以下几点：第一，消费者个性特征的差异会导致其对网购食品的不同态度，进而影响消费者对网购食品的选择行为。其中，消费者的年龄、月收入与消费者对网购食品的态度呈显著负相关。第二，即食零食类、坚果类和糖果类食品是大多数消费者网购食品时选择的类别，粮油类及生鲜类食品多为29～40岁及以上消费者的选择。收入越高、受教育程度越高的消费者越倾向于通过网购满足多样化的食品需求，因而网购食品类别呈现出较均衡的状态。第三，良好的网购环境、物美价廉的食品和优质的网购服务是促使消费者选择网购食品的主要因素。消费者更看重网购食品配送的便捷性和已有的网购体验，希望在网络平台上买到物美价廉的个性化、多样化食品，并得到优质的网购服务以解决网购过程中遇到的问题。总之，网购不仅是对传统消费渠道的有效补充，而且已经成为当前消费升级的一个重要表现。第四，对网购食品安全的担忧、习惯于传统购物方式和网购维权的难度是抑制消费者选择网购食品的主要因素。网购的虚拟性、不确定性特征使消费者担心网购食品出现各种类型的安全问题，传统购物方式所带来的消费体验亟待融入网购过程中，若网购维权困难不加解决可能会放大消费者对网购食品产生消极态度。

针对上述发现，本书提出以下政策建议：①加强网购食品多主体协同监管，明确生产经营者质量安全的主体责任和网购平台审慎的检查义务，广泛开展食品安全知识宣传，降低网购虚拟性和不确定性带来的经济后果，改变消费者怀疑和不放心的态度。②建立以消费者为中心的网购食品质量安全供应链管理体系，完善生鲜食品冷链物流配送体系，不断提升网购食品的市场渗透率和用户黏性，以高品质的网购食品市场满足消费者对交易的便利化和消费的个性化、多样化的需求。③推动线上市场和线下实体店紧密结合、相互支撑，促进线上市场依托线下实体店增强体验、提升信任，促使线下企业通过线上市场拓宽渠道，实现线上线下协同融合。④营造良好的网购环境，提供优质的网购服务，增加消费者的感知价值，满足不同个性特征消费者的差异化需求，培养消费者的信任感和忠诚度。⑤完善网购食品维权制度，简化消费者维权程序，畅通消费者维权渠道，降低消费者维权成本，进而增加用户黏性，适应消费升级的需要，加快网购食品市场转换发展动力。

第八章　消费者网购食品维权多重响应分析

第一节　现实状况与文献回顾

当前，我国经济正在发生深刻变化，供给侧结构性改革的深入推进使经济发展质量和效益得到持续提升，有效促进了市场出清、供求关系改善和供给结构优化。伴随着供给侧结构性改革，消费升级是我国消费市场的长期趋势，服务类消费比率提升，高端消费市场需求旺盛，高性价比市场通过线上渠道得到迅速放大。[①] 网络购物已成为消费升级的重要表现，富有、年轻、教育水平高的消费者网络购物倾向较强，他们不但追求更优质的商品，也期待看到商品为自己带来价值、便利性与独特性。[②] 毫无疑问，在消费结构、消费观念、消费渠道发生变化的同时，消费者权益方面的问题也越来越引起人们的关注。

2018 年 7 月，国家市场监管总局披露我国互联网食品的年销售额已近 10 万亿元。[③] 然而，在食品网购年销售额快速增长的同时，网购食品质量安全问题频发。针对网购食品的便捷性、虚拟性、隐蔽性等特征和网购食品质量安全监管，学者们从不同方面研究了网购食品质量安全问题。纪杰（2018）认为网购食品市场存在信息与食品实体、食品与电商平台、支付与食品交易以及交易双方物理空间的相分离，网购食品安全的不知情和不诚信问题尤为突出。[④] 网购食品从卖家到消费者手中需要经历一段时间差，而电商平台泄露消费者个人隐私、食品损坏丢失、运输时间长环节多等行为都不断地侵害着消

---

① 孙兴杰，鲁宸，张璇. 消费降级还是消费分层？——中国居民消费变动趋势动态特征研究 [J]. 商业研究，2019（8）：25-35.

② 尼尔森. 中国新零售白皮书 [EB/OL]. https://36kr.com/coop/zaker/5087281.html 2017.08.09.

③ 互联网食品年销近 10 万亿元 [EB/OL]. http://m.people.cn/n4/2018/0719/c204473-11315560.html.

④ 纪杰. 基于供应链视角的网购食品安全监管困境及策略研究 [J]. 当代经济管理，2018（9）：32-38.

费者的合法权益（邹勇，2018）。[①] 网购食品质量安全问题主要出现在电商销售和食品加工两个环节。电商销售环节存在的问题主要是商家造假售假、进口食品的包装标签不合格以及虚假宣传等；食品加工环节存在的问题主要是原料选取、添加剂的使用、包装不符合规范、加工过程不规范等（王可山等，2018）。[②] 也有学者研究了网购食品安全影响因素等问题。王殿华、莎娜（2016）认为消费者的受教育程度、客观认知能力和其关注的保质期、送货速度、买家评论对网购食品安全风险防控有正相关影响。[③] 网站因素和网购食品环境对于消费者网购食品安全的信任具有显著的正向影响（张红霞，2018）。[④] 在北京互联网法院受理的网络购物合同案件、网络购物产品责任纠纷案件中，有73%为涉网售食品类案件，凸显的问题涵盖食品标签不合格、滥用食品添加剂、违反食品进口禁令、商家不具备生产资质等。[⑤]

面对网购食品质量安全的众多问题，学者们在消费者权益保护方面也做了大量的研究。消费者通常觉得维权难、难维权，因为维权浪费时间、影响心情，得到的赔偿又不多（崔宏秀，2015）。[⑥] 而且，在维权过程中又面临维权成本高、取证与举证困难、各方互相推诿、责任难以界定等问题（康智勇等，2019），[⑦] 网购食品有关法律法规衔接不明确，监管部门职责存在重叠和疏漏（张瑜，2019）。[⑧] 针对保障消费者网购食品的合法权益，完善消费者维权渠道，学者们也提出了诸多对策建议。张红霞、杨渊（2017）[⑨] 和蒋思媛、

---

① 邹勇. 农业电商物流发展下消费者权益保护策略分析 [J]. 农业经济，2018 (11)：102-104.

② 王可山，张丽彤，樊奇奇. 供应链视角下网购食品质量安全关键控制点研究 [J]. 河北经贸大学学报，2018，39 (06)：87-94.

③ 王殿华，莎娜. 基于消费者行为的网购食品安全风险防控研究 [J]. 调研世界，2016 (10)：13-18.

④ 张红霞. 消费者对网购食品安全信任的影响因素分析 [J]. 软科学，2018 (5)：116-119.

⑤ 网购食品三无、假冒、违规添加不少见法院支招：四查四看多问 [EB/OL]. (2019-06-26) http：//www. ipraction. gov. cn/article/xxgk/tpxw/201906/20190600221809. shtml.

⑥ 崔宏秀. 市场经济视角下我国消费者消费权益问题探讨 [J]. 商业经济研究，2015 (34)：109-111.

⑦ 康智勇，关晓琳，杨浩雄. 网购食品安全协同治理体系探析 [J]. 食品科学，2019 (5)：339-345.

⑧ 张瑜. 网络食品安全犯罪的刑法规制 [J]. 食品与机械，2019 (1)：105-108.

⑨ 张红霞，杨渊. 消费者网购食品安全信心及其影响因素分析 [J]. 调研世界，2017 (10)：17-22.

李伟（2019）① 提出，要发挥消费者在网购食品安全中的社会监督职能，拓宽消费者网购维权渠道，增强消费者维权意识；建立预防制度、有奖举报制度，保障消费者合法权益；吸引社会各方力量参与网络食品安全监管，形成食品安全社会共治新局面。常健、余建川（2018）认为应建立多元化纠纷解决机制，纠纷解决办法应与司法程序相互协调，为各类维权主体提供多元的纠纷解决选择，保障矛盾及时化解。② 发展网络等新兴维权形式，设立消费者小额争议简易程序（钟晟，2019）。③ 消费者在维权的过程中，应该从维权基础事实、维权目的、维权手段、维权诉求内容的客观性与正当性等方面进行正确的维权（周洁，2018）。④

基于已有文献资料，本书关注消费者在网购食品维权过程中的维权方式、维权效果和维权难点，采用网络问卷调查的方法进行调查分析，为加强网购食品质量安全市场监管、切实维护消费者的合法权益提供可参考建议。

第二节　数据来源及样本信息

本书采用网络问卷调查的方法，对消费者网购食品安全及相关维权问题，借助专业的调研平台——问卷星进行问卷设计并通过各种网络渠道进行问卷调查。问卷主要分为三个部分：第一，网购食品消费者的基本信息；第二，网购食品消费者选择行为状况，包括消费者对待食品网购的态度、影响因素、网购食品类别、频率以及遇到的安全问题等；第三，消费者对未来网购食品风险的看法、消费者的维权行为、维权效果等。问卷调查时间为 2018 年 4 至6 月，共收回问卷 1790 份，通过设置相应规则，筛选得到可用于消费者维权问题分析的有效问卷 1358 份，问卷有效率为 75.9%。样本资料的消费者基本信息见表 8-1。

---

① 蒋思媛，李伟．网络食品交易第三方平台责任制度问题与建议［J］．中国食品卫生杂志，2019（2）：150-153.

② 常健，余建川．微博维权行为的实证分析与法律引导——以 110 个典型案例为中心［J］．华中师范大学学报（人文社会科学版），2018（1）：150-162.

③ 钟晟．我国消费者权益保护制度深化改革研究［J］．金融与经济，2019（3）：83-86.

④ 周洁．刑法视野下消费维权行为正当性的实质考察［J］．北方法学，2018（4）：79-89.

表 8-1 消费者基本信息

变量	样本特征	样本数（份）	百分比（%）
性别	男	725	53.4
	女	633	46.6
年龄	17 岁及以下	13	1.0
	18~28 岁	803	59.1
	29~40 岁	261	19.2
	41~65 岁	281	20.7
文化程度	初中及以下（含未上过学）	158	11.6
	高中或专科	284	20.9
	大学本科	552	40.6
	硕士研究生	200	14.7
	博士研究生	164	12.1
月收入	3500 元以下	526	38.7
	3500~8000 元	308	22.7
	8000~12000 元	209	15.4
	12000 元以上	315	23.2

从对被调查者基本信息的描述性统计分析可以看出，此次调查男女比例基本均衡，男性消费者占 53.4%，女性消费者占 46.6%。在年龄构成上，18~40 岁的人数占 78.3%，说明网购食品的人群呈现年轻化趋势。从受教育程度来看，大学本科及以上的人数占比 67.5%，说明网购食品的人群学历普遍较高。从收入上来看，月收入在 8000 元以下的人数占比 61.4%，与年龄结构相匹配。

第三节　网购食品消费者维权方式、效果及难点分析

调查问卷中关于网购食品维权问题，以多选题形式给出进而展开调查。因此，本书采用多重响应分析中的频率和交叉表方法进行分析。

一、网购食品消费者维权方式分析

在 1358 名被调查消费者的 1704 个回答中，39.9% 的消费者未面临或未进

行维权，60.1%的消费者会选择维权（见表8-2）。在网络交易模式下，大量消费者选择未面临或未进行维权，在一定程度上受维权空间跨度大和通常个人食品消费金额不会太多的影响。并且，由于相关的消费者保护组织与监管机构缺位，消费者自身维权通常会花费大量的时间、精力和费用，维权成本过高，导致许多消费者放弃维权。

调查结果显示，在各种维权方式中，选择与商家联系沟通的占比23.8%，采取向管理部门合理合法投诉的占比9.2%，运用新型媒体渠道反映遇到的网购食品问题，借助口碑效应维权的占比9.9%，在一定程度上也印证了消费者保护组织与监管机构缺位的状况。

表8-2　网购食品消费者维权方式的频率分析

维权方式	响应分析		个案百分比
	响应数（个）	响应百分比	
从未面临	273	16.0%	20.1%
面临过，维权中因种种原因被迫放弃	166	9.7%	12.2%
以后不购买就是了，懒得维权	242	14.2%	17.8%
与商家联系沟通	406	23.8%	29.9%
给商家差评	292	17.1%	21.5%
去管理部门（工商、食药监管部门或消费者协会等）投诉或法院起诉	156	9.2%	11.5%
通过媒体或自媒体曝光（如发朋友圈吐槽）	169	9.9%	12.4%
总计	1704	100.0%	125.5%

将维权方式和消费者基本信息进行交叉表分析，结果见表8-3。从性别来看，女性更加感性，男性更加理性。男性消费者通常采取的维权方式是"去管理部门投诉或法院起诉"和"媒体曝光"，比例分别为72.4%和63.9%，并且远远高于女性消费者。对于传统的与商家联系沟通解决问题的维权方式，男女比例基本持平，分别为45.3%和54.7%。从年龄看，18～28岁的年轻消费者群体，对各种维权方式的响应程度都很高：要么"烦着呢，没时间，懒得理你"，选择"从未面临""被迫放弃"和"懒得维权"，比例分别达67.8%、60.8%和57%；要么"后生可畏、激流勇进"，选择"给商家差评""去管理部门投诉或法院起诉""媒体曝光"，比例分别达64.7%、56.4%和55%。

消费者文化程度高低对维权方式选择有一定的影响。在各种维权方式中，大学本科及以上学历的消费者占比在70%左右。而且，硕士研究生、博士研究生由于维权意识和法律意识较强，有37.2%的消费者会选择向管理部门投诉或法院起诉，这对于营造良好的网购食品维权氛围具有积极的带动作用。不论哪种维权方式，低收入者都是维权的主体，他们大多选择"与商家联系沟通""给商家差评"的维权方式解决问题，比例分别为46.6%、49.7%。收入较高的消费者则会选择"去管理部门投诉或法院起诉"和"通过媒体或自媒体曝光"进行维权，比例分别为49.3%、40.3%，这或许与他们有能力承担维权耗费的时间、精力、费用等交易成本有关。

表8-3 消费者个人信息与维权方式影响交叉表

（单位:%）

个人信息		未面临	被迫放弃	懒得维权	与商家联系沟通	给商家差评	去管理部门投诉或法院起诉	通过媒体或自媒体曝光
性别	男	44	57.8	41.7	45.3	49.3	72.4	63.9
	女	56	42.2	58.3	54.7	50.7	27.6	36.1
年龄	17岁及以下	0.7	0.6	0.8	2.2	2.1	1.3	1.8
	18~28岁	67.8	60.8	57	54.4	64.7	56.4	55
	29~40岁	17.2	19.9	16.9	20.2	16.8	18.6	25.4
	41~65岁	14.3	18.7	25.2	23.2	16.4	23.7	17.8
文化程度	初中及以下	12.1	8.4	10.3	7.6	7.5	15.4	10.7
	高中或专科	16.8	21.1	22.3	22.4	22.9	17.9	23.1
	大学本科	50.5	38.6	46.7	50	50.7	29.5	39.1
	硕士研究生	10.6	12	11.6	12.3	10.6	20.5	16
	博士研究生	9.9	19.9	9.1	7.6	8.2	16.7	11.2
收入	3500元以下	49.1	34.9	38.8	46.6	49.7	31.4	33.7
	3500~8000元	19	22.3	31	24.4	22.6	19.2	26
	8000~12000元	9.9	16.3	14.5	11.8	13.4	22.4	17.2
	12000元以上	22	26.5	15.7	17.2	14.4	26.9	23.1

二、网购食品消费者维权效果分析

当网购食品消费者遇到维权问题时，有15.9%的消费者认为维权效果

"很好，得到了及时妥善的解决"，有 17.8% 的消费者认为维权效果"还不错，未及时但最终得到解决"，这两者参与维权且得到解决，合计比例为 33.7%。除去由于各种原因从未尝试维权的 25.8% 的消费者，有 40.6% 的消费者在网购食品购买选择和消费过程中面临的各种各样问题难以维权。其中，11.5% 的消费者表示"解决结果不满意"，10.7% 的消费者表示"商家不予解决"，9.1% 的消费者表示"现有渠道无法解决"，甚至有 9.3% 的消费者表示"极其不好，非但不解决，还遭受了商家的攻击"（见表 8-4）。

可见，网购食品消费者维权总体效果并不乐观。在网购食品市场上，一方面市场准入门槛低、经营主体的虚拟性特征明显，使得商家受监管力度大大降低；另一方面，网络食品消费大多具有跨地域特点，而《网络交易管理办法》规定"网络商品交易及有关服务违法行为，由发生违法行为的经营者住所所在地县级以上工商行政管理部门管辖"，在一定程度上不利于约束商家的违法行为。[①]

表 8-4　网购食品消费者维权效果的频率分析

维权效果	响应分析		个案百分比
	响应数（个）	响应百分比	
从未尝试	377	25.8%	27.8%
很好，得到了及时妥善的解决	233	15.9%	17.2%
还不错，未及时但最终得到解决	260	17.8%	19.1%
解决结果不满意	168	11.5%	12.4%
商家不予解决	156	10.7%	11.5%
现有渠道无法解决	133	9.1%	9.8%
极其不好，非但不解决，还遭受了商家的攻击	136	9.3%	10.0%
总计	1463	100.0%	107.7%

将维权效果和消费者基本信息进行交叉表分析，结果见表 8-5。从性别来看，男性消费者对各项维权效果的响应程度普遍高于女性，而且 57.1% 的男性消费者对"解决结果不满意"，60.3% 的男性消费者表示"商家不予解决"，维权未受到商家理睬，70.6% 的男性消费者的维权"极其不好，非但不解决，还遭受了商家的攻击"。因而，女性消费者相比男性消费者来讲，维权

---

① 王藤. 网购食品安全监管法律问题研究［D］. 烟台大学，2018.

效果更佳。对于未解决的网购食品问题，29~40 岁的消费群体受到的影响最小，可能由于这一年龄段的人较为成熟，解决问题的方式也较为恰当。从消费者文化程度看，在各种维权效果中，具有大学本科学历的消费者维权得到解决的比例较高，"很好，得到了及时妥善的解决"和"还不错，未及时但最终得到解决"的比例分别为 41.6% 和 48.1%。但是，这一消费群体遭遇的维权难度也较大，39.9% 的消费者对"解决结果不满意"，33.3% 的消费者表示"商家不予解决"。这一特点在低收入群体中也有相似的响应。可见，网购食品整体维权效果并不理想。

表 8-5　消费者个人信息与维权效果影响交叉表

（单位:%）

个人信息		从未尝试	很好，得到了及时妥善的解决	还不错，未及时但最终得到解决	解决结果不满意	商家不予解决	现有渠道无法解决	极其不好，非但不解决，还遭受了商家的攻击
性别	男	40.1	55.8	50	57.1	60.3	58.6	70.6
	女	50.9	44.2	50	42.9	39.7	41.4	29.4
年龄	17 岁及以下	1.6	1.3	0.8	2.4	0.6	0.8	0.7
	18~28 岁	61	54.9	56.2	64.3	66	65.4	54.4
	29~40 岁	16.7	18.9	24.2	17.3	17.3	16.5	19.9
	41~65 岁	20.7	24.9	18.8	16.1	16	17.3	25
文化程度	初中及以下	6.9	11.2	8.5	17.3	8.3	16.5	18.4
	高中或专科	21	19.3	22.3	17.9	23.1	18.8	22.1
	大学本科	53.8	41.6	48.1	39.9	33.3	37.6	21.3
	硕士研究生	10.6	15.5	12.3	10.7	16	18.8	23.5
	博士研究生	7.7	12.4	8.8	14.3	19.2	8.3	14.7
收入	3500 元以下	52.3	43.8	40.4	34.5	32.1	28.6	25.7
	3500~8000 元	23.3	18.5	26.2	22	23.1	26.3	21.3
	8000~12000 元	9	18.5	16.2	14.3	17.9	18	16.9
	12000 元以上	15.4	19.3	17.3	29.2	26.9	27.1	36

三、网购食品消费者维权难点分析

从调查的维权难点来看，23.3% 的消费者认为维权难点主要在于"维权步骤烦琐，处理效率低，难以得到满意结果"，而"维权意识不够，不知道有哪些具体方法，不明确自身权利"，使得22.9%的消费者感觉到维权艰难。另外，17.8%的消费者认为维权时没有受到相关管理部门的重视，14.9%的消费者感到网购食品维权困难在于"未留存购买明细和问题食品等证据"。此外，媒体也不是万能的，还有11.3%的消费者认为通过"媒体或自媒体曝光后对维权无实质性帮助"。认为维权难点在于商家的响应程度最低，9.7%的消费者认为是"商家拒绝沟通"（见表8-6）。

可见，"维权步骤烦琐，处理效率低"等来自维权环境的因素和"维权意识不够，不知道有哪些具体方法，不明确自身权利"等来自消费者自身能力的因素，是网购食品消费维权的主要难点。另外，面对网购交易模式，传统的食品监管部门应加大同互联网环境监管部门的协调，提升自身的监管能力，转变监管方式，对网购食品消费者的维权予以充分重视和回应。

表8-6　网购食品消费者维权难点的频率分析

维权难点	响应分析		个案百分比
	响应数（个）	响应百分比	
商家拒绝沟通	215	9.7%	15.8%
消费者未留存购买明细和问题食品等证据	331	14.9%	24.4%
工商食药监等管理部门对个体消费者不予以重视	395	17.8%	29.1%
一般消费者维权意识不够/不知道有哪些具体方法/不明确自身权利	507	22.9%	37.3%
维权步骤烦琐，处理效率低，难以得到满意结果	517	23.3%	38.1%
媒体或自媒体曝光后对维权无实质性帮助	250	11.3%	18.4%
总计	2215	100.0%	163.1%

将维权难点和消费者个人信息进行交叉表分析，结果见表8-7。从性别来看，女性消费者对维权难点的反映普遍高于男性消费者，其中女性消费者选择"商家拒绝沟通""维权步骤烦琐，处理效率低""消费者维权意识不够"的比例较高，分别为63.3%、58%和56.8%。从年龄看，18~28岁的消费者认为维权难点来自各个方面，而29~40岁和41~65岁的消费者认为维权难点主要在于"维权步骤烦琐，处理效率低，难以得到满意结果"，比例分别为19.1%和20.1%。从文化程度看，过半数的具有大学本科学历的消费者认为"维权意识不够，不知道有哪些具体方法，不明确自身权利""管理部门对

个体消费者不予以重视""维权步骤烦琐，处理效率低，难以得到满意结果"
是维权难点。从收入来看，月收入 3500 元以下的消费者维权面临的困境较
多，并且倾向于"商家拒绝沟通"和"维权意识不够，不知道有哪些具体方
法，不明确自身权利"。其他收入的群体认为"自媒体曝光对维权无实质性帮
助""管理部门对个休消费者不予以重视""维权步骤烦琐，处理效率低，难
以得到满意结果"是难点所在。

表 8-7　消费者个人信息与维权难点影响交叉表

（单位:%）

个人信息		商家拒绝沟通	未留存购买明细和问题食品等证据	管理部门对个体消费者不予以重视	维权意识不够/不知道具体方法/不明确自身权利	维权步骤烦琐，处理效率低，难以得到满意结果	媒体曝光对维权无实质性帮助
性别	男	36.7	47.1	46.3	43.2	42	54
	女	63.3	52.9	53.7	56.8	58	46
年龄	17 岁及以下	0.5	0.9	1.8	1.4	1.5	1.6
	18~28 岁	67.4	61.6	65.6	63.5	59.2	62.8
	29~40 岁	15.3	18.7	14.7	17.2	19.1	16.4
	41~65 岁	16.7	18.7	18	17.9	20.1	19.2
文化程度	初中及以下	10.7	8.2	7.8	6.7	5.6	11.2
	高中或专科	23.3	20.2	15.4	18.5	18.6	21.2
	大学本科	49.8	49.2	55.7	57.8	54	43.6
	硕士研究生	10.7	12.7	11.9	9.9	10.8	13.2
	博士研究生	5.6	9.7	9.1	7.1	11	10.8
收入	3500 元以下	55.8	48.6	48.6	54.4	49.3	39.2
	3500~8000 元	18.6	20.5	20.8	22.3	24	21.6
	8000~12000 元	10.7	12.7	11.9	10.3	13	14
	12000 元以上	14.9	18.1	18.7	13	13.7	25.2

第四节　结论及建议

本书利用网络问卷调查数据，采用多重响应分析中的频率和交叉表方法，
分析了网购食品消费者维权方式、维权效果和维权难点，旨在为改善网购食

品市场环境，完善网购食品维权制度提供借鉴。研究结果显示：①大多数网购食品消费者遇到权利受损时会选择维权，男性消费者、高学历的消费者和高收入消费者更倾向采取"去管理部门投诉或法院起诉"的维权方式，"媒体曝光"的维权方式也普遍被采用，年轻消费者群体对各种维权方式的响应程度都很高。②网购食品消费者维权总体效果并不乐观，参与维权且得到解决的比例为三分之一左右。男性消费者对各项维权效果的响应程度普遍高于女性，但女性消费者的维权效果好于男性消费者。具有大学本科学历的消费者和低收入的消费者维权得到解决的比例较高，29~40岁的消费者解决问题的方式较其他消费者更恰当。③"维权步骤烦琐，处理效率低，难以得到满意结果"和"维权意识不够，不知道有哪些具体方法，不明确自身权利"，是具有不同个人特征的消费者普遍认同的维权难点，消费者响应程度很高。

基于以上研究结论，本书的政策建议是：

第一，加强网购食品政府监管，优化消费者维权程序，畅通消费者维权渠道。网购尽管便捷了消费者购买选择，但在一定程度上也由于网购的虚拟性、不确定性和网络店商的广泛性、零散性，加大了信息不对称程度。必须针对网购食品不同于传统线下交易食品的特征，强化网购食品质量安全信息真实、准确、及时披露，通过信息规制与规则规制的有效结合，加强网购食品政府监管。推进"放管服"改革，加强管理部门之间的沟通协调，简化网购食品消费者维权程序。充分利用网络交易平台、电子政务等信息化、大数据工具，搭建"互联网+"背景下网络维权新机制，畅通消费者维权渠道。

第二，完善网购食品标准体系，健全网购食品法律法规。积极推进网购食品标准体系建设，逐步明确网购食品准入标准、产品标准、交易标准以及生产加工和流通标准等内容，使网购食品不因上网而"失标"，也使消费者维权"有标可依"。在此基础上，逐步健全完善网购食品法律法规，明确网购食品供应链各环节主体的责、权、利，尤其是网购食品经营者和电商平台的责任和义务。积极探索网购食品举证责任、赔偿责任改革，改变维权步骤烦琐、处理效率低等状况，有效转变消费者维权成本高、维权难的局面。

第三，加强消费者维权知识普及宣传，增强消费者维权意识。通过网络、公益广告、宣传单等多种形式，开展消费者维权知识普及宣传，引导消费者健康、安全消费，理性善用各种维权方式，使消费者维权不仅成为解决自身遭遇问题的有效措施，而且成为消费者积极参与网购食品风险治理的有效途径。通过不断普及宣传消费者维权知识，推动消费者维权意识不断增强，主动关注网购食品质量安全等问题和风险，使消费者维权成为激发生产经营者诚信履约、促进网购食品市场环境改善的重要助推力。

第九章 生鲜电商配送成本影响因素及 物流能力评价研究

第一节 现实状况与文献回顾

近年来，随着我国经济稳步增长，人民生活水平不断提高，居民对农产品的多样性和采购农产品的便捷性的要求更加强烈。同时，由于物流业的不断发展，越来越多的人开始选择通过电子商务的方式购买生鲜农产品，生鲜农产品网络销售额不断上升。2012 年，我国生鲜电商市场出现"井喷式"增长，交易规模达 40.5 亿元，同比增长 285.7%，被称为"生鲜电商元年"。到 2017 年，我国生鲜电商市场交易规模已达 1391.3 亿元，生鲜电商物流行业市场规模 434.9 亿元，占生鲜电商市场规模的 31.26%；与 2012 年相比，生鲜电商市场交易规模增长了 3335.31%。生鲜产品具有易腐坏、保质期短、损耗大等特点，对适合的温度控制要求很高，需要有完善的冷链物流配送系统支撑。尹世久、高杨、吴林海（2017）利用大数据挖掘工具获取了 2015 年食品供应链主要环节发生的食品安全事件，分析表明运输过程发生的食品安全事件数量大于仓储环节，主要反映出食品运输过程中冷链技术缺失且物流系统的管理水平有待提升。[①] 目前，对 B2C 生鲜电商企业来说，生鲜农产品由产地运往各地配送中心基本可以由已经较成熟的冷链干线运输完成，而从配送中心到消费端的配送阶段，却由于配送的高昂成本和高损耗率成为生鲜电商企业发展的瓶颈。控制生鲜电商冷链物流成本，其核心是控制冷链配送成本，只有将冷链配送成本控制在较低的水平，才能使生鲜电商冷链配送物流持续健康发展。

研究物流配送成本的构成及其影响因素是研究配送成本的关键，降低配

---

① 尹世久，高杨，吴林海．构建中国特色食品安全社会共治体系［M］．北京：人民出版社，2017．

送成本首要是减少运输成本（邓传红，2006）。^① 为降低物流成本，Fassoula E. D（2005）以生鲜农产品为研究对象，建立数学模型研究了冷链物流的运输成本，并证明了模型的有效性。^② 由于物流与生产制造在很多方面具有相似性，Drew Stapleton 等（2004）认为采用作业成本法把物流成本分配到各个指定的对象上，可以更好地控制物流活动，优化物流流程。^③ 钱继锋、路学成等（2009）从系统工程的角度研究了物流企业在城市配送中的成本，提出通过优化运输路线、选择配送模式、确定信息系统完善成本控制体系。^④ 马士华、吕飞（2014）的研究证明了 Supply-Hub 的协同功能能够降低各供应商的成本、制造商的总成本和供应链的总成本。^⑤ 对物流企业来说，其管理目标要重视效率和效益的均衡（曹湛，2015）。^⑥ 宋敏娜、武娜（2014）通过建立 ARIMA-RBF 物流成本估计模型分析物流成本价格规律。^⑦ 通常，配送成本在企业成本中占比最大，降低企业成本就应首先控制配送成本（王涛，2007）。^⑧ 以农产品冷链配送为例，熊燕舞、易海燕（2013）构建了配送作业成本和配送作业时间优化模型。^⑨ 针对网上超市订单分配和物流配送，张源凯、黄敏芳、胡祥培（2015）提出将两者进行联合优化，有助于提高订单的科学分配，降低物流配送的成本。^⑩ 此外，也需要依靠管理机制加强多方合作（黄沙，2011），^⑪

① 邓传红. 影响配送成本的因素及其控制措施［J］. 商场现代化，2006（27）：123-124.
② Fassoula E. D. Reverse Logistics as a Means of Reducing the Cost of Quality［J］. Total Quality Management，2005，（5）：631-643.
③ Drew Stapleton，Sanghamitra Pati，Erik Beach，Poomipak Julmanichoti. Business Process Management［J］. Activity-based Costing for Logistics and Marketing，2004，10（5）：584-597.
④ 钱继锋，路学成，石磊，刘占东，王宾. 城市配送成本控制策略研究［J］. 中国市场，2009（49）：55-57.
⑤ 马士华，吕飞. 基于 Supply-Hub 的生产与配送协同模式研究［J］. 中国管理科学，2014（6）：50-60.
⑥ 曹湛. 移动电商下的生鲜农产品配送路径研究［J］. 农业经济，2015（12）：131-132.
⑦ 宋敏娜，武娜. 物流配送成本优化估计的数学模型研究［J］. 物流技术，2014（1）：251-253+258.
⑧ 王涛. 作业成本法在配送成本管理中的应用［J］. 科技创业月刊，2007（10）：88-89.
⑨ 熊燕舞，易海燕. 基于 TDABC 的农产品冷链配送作业成本核算与优化［J］. 物流技术，2013（23）：223-226.
⑩ 张源凯，黄敏芳，胡祥培. 网上超市订单分配与物流配送联合优化方法［J］. 系统工程学报，2015（4）：251-258.
⑪ 黄沙. 企业物流成本管理存在问题及对策［J］. 物流技术与应用，2011（2）：101-103.

通过规范物流作业、优化流程、协调供应链多方关系来控制物流成本（陈正林，2011）。①

总的来看，物流成本的降低需要从服务质量、配送效率、业务外包等角度综合考虑（李金云、邵康，2007）。② 优化物流配送模式、整合供应链、加强电商与物流的充分融合、优化逆向物流等措施有助于 B2C 电商企业降低物流成本（王玉勤、胡一波，2012）。③ 吴建新（2015）认为目前电商企业物流成本过高主要是逆向物流及自建物流投入、配送环节不连续以及核算单位不标准等原因引起的。④ 因此，电商物流成本控制应从优化核算标准、控制退换货物流配送成本以及人力成本等方面着手（王坚，2013），⑤ 合理进行车辆配载、人员排班和配送选址调整，提高配送的经济性（穆东、孙叶梁，2018）。⑥ 已有研究对生鲜电商配送模式探讨的较多（王婧、董高青，2015⑦；朱湘晖、胡雄鹰、张宗祥，2015⑧；纪汉霖、周金华、张深，2016⑨；王林、赵宇、符晓洁，2016⑩；周香，2017⑪）。关于生鲜电商配送成本控制的研究，主要集中在以融合共配方式（陶文钊、卫振林、李宝文，2017）⑫，冷链物流的市场化运作方式（周香，2017），优化储存量、运输频率及运输距离（李学工、齐美丽，2016）⑬ 等角度探讨降低配送成本，相关研究还不丰富。本书在

---

① 陈正林．企业物流成本生成机理及其控制途径——神龙公司物流成本控制案例研究［J］．会计研究，2011（2）：66-71+97.

② 李金云，邵康．B2C 电子商务企业的物流成本分析［J］．科技经济市场，2007（11）：90-91.

③ 王玉勤，胡一波．B2C 电子商务企业降低物流成本途径探析［J］．物流技术，2012（15）：204-206.

④ 吴建新．电子商务企业物流成本管理的问题及对策［J］．中国商论，2015（25）：106-109.

⑤ 王坚．电子商务企业物流成本控制研究［J］．商，2013（4）：200-201.

⑥ 穆东，孙叶梁．京东配送频率及其经济性分析［J］．北京交通大学学报（社会科学版），2018（1）：106-116.

⑦ 王婧，董高青．生鲜电商冷链物流的协同系统构建［J］．物流技术，2015（13）：21-22+149.

⑧ 朱湘晖，胡雄鹰，张宗祥．生鲜电子商务物流配送模式的比较［J］．物流技术，2015（3）：17-19+22.

⑨ 纪汉霖，周金华，张深．生鲜电商行业众包模式研究［J］．物流工程与管理，2016（1）：93-95.

⑩ 王林，赵宇，符晓洁．生鲜电商"最后一公里"配送研究［J］．物流技术，2016（6）：12-15+34.

⑪ 周香．我国生鲜电商冷链物流配送中存在的问题及对策分析［J］．物流工程与管理，2017（5）：104-105.

⑫ 陶文钊，卫振林，李宝文．基于非合作博弈的城市食品冷链共同配送定价［J］．北京交通大学学报，2017（3）：28-33.

⑬ 李学工，齐美丽．生鲜电商冷链物流的成本控制研究［J］．农业经济与管理，2016（4）：52-60.

系统分析生鲜电商运营模式及配送成本分类构成的基础上，采用层次模型分析生鲜电商配送成本各影响因素权重及重要性排序，进而通过改进作业成本法的一般模型，建立生鲜电商配送成本核算框架和核算模型，利用实地调研对生鲜企业 M 的前置仓取得数据进行实证研究，分析生鲜电商配送成本控制问题。

第二节　生鲜电商运营模式及配送成本分类

随着物流网络的快速发展和生鲜食品电子商务的迅速崛起，传统零售平台逐渐涉足生鲜电商领域，如华润万家、大润发、物美等均建立了自己的生鲜电商平台。然而，尽管传统零售平台具有多年积累的供应链管理经验、可实现近距离配送及冷链仓储实力较强等优势，但在线上销售产品也导致包装成本和配送成本增加，使传统零售平台触网状况不尽相同。如，物美生鲜电商平台多点已宣布盈利，而华润万家的生鲜平台却宣布关闭。与此同时，一些线下生鲜商家也逐步将业务延伸至线上，如百果园、果多美等连锁生鲜企业都先后将业务从线下拓展至线上。这些连锁商家经多年累积拥有可靠且稳定的货源，而且可利用本身的门店充当生鲜电商的前置仓，增加线上业务在仓储成本和损耗率控制上具有一定的优势。但是，搭建和运营线上电商平台的压力和生鲜产品价格的调整空间仍是这些线下生鲜商家拓展线上业务要直接面对的问题。

生鲜电商可分为平台模式、B2C 模式、F2C 模式、C2B2F 模式、B2B 模式、O2O 模式类型。京东、1 号店、天猫、苏宁超市等综合电商平台依托长期的电商积累近年来相继进入生鲜市场，快速发展过程中也存在中小型商家数量多、平台把控生鲜产品质量难度大、生鲜商品标准化程度低等问题。这些综合电商平台上众多同品类生鲜产品销售商家采取低成本、低价格激烈竞争，容易致使时效差、损耗大，即使提升冷链配送标准和时效，最终也是增加了消费者的购买成本，不利于增进购买频率和消费者黏性。社交电商平台模式的典型代表是拼多多，除自营生鲜品类之外，平台上也有大量的生鲜产品商家，同质化竞争激烈，物流服务质量、食品安全问题及客户满意度是社交电商平台模式面临的主要困难。社交电商平台通常缺少前期的物流资源积累，在销售旺季需预防订单量暴增而物流无法满足配送要求的状况。在 B2C

模式中，易果生鲜、甫田网等属于采购型垂直生鲜电商模式，通过在上游采用集中采购的方式，可减少中间环节以降低成本。这种模式关注生鲜产品细分领域，但供应链管理经验不足，在物流环节容易产生较高的损耗，并且缺乏用户积累，保鲜仓储投入压力也较大。顺丰优选属于物流企业垂直生鲜电商模式，拥有强大的物流网络和领先的物流服务，因其在全国已经布局了大量的仓储中心，保鲜仓储的投入压力不大。但是，由于没有生鲜产品供应商的积累，获得用户和保证质量的成本付出较大。许多食品供应商也进入生鲜电商领域，典型的食品供应商垂直生鲜电商模式有中粮我买网和光明菜管家。这些食品供应商进入生鲜电商极少会出现供应链问题，并且在生鲜食品仓储方面更具专业性，品牌效应较强。比较而言，对食品供应商垂直生鲜电商模式而言，物流仍是其最大的限制因素，应重视生鲜配送城市网络的规划。

因消费者对生鲜产品品质的要求，农场直销（F2C）模式因其品控上的优势发展很快，这种模式的代表企业有多利农庄、沱沱工社等。自有农场直接将生鲜产品销售给用户，保证了生鲜产品的食品安全和质量。而且，农场直销一般主要针对近距离用户，物流配送难度和损耗率降低，但在满足消费者多样化需求上还有不足。如沱沱工社承包了约1500亩农场，种植一些时令蔬菜、瓜果，并散养一些土鸡、土猪等牲畜，在一定程度上能够提供可掌控质量的生鲜产品，容易建立消费者的信任，但对满足多样化的需求，市场仍有限。预售模式（C2B2F）的出现也可实现从产地直接配送到客户，不仅有助于维持产品的新鲜和质量，而且避免了因生鲜产品滞销导致的损耗，可节约企业的运营成本。如食行生鲜就是通过这种模式提前根据生鲜农产品用户需求和订单，由产地直接配送到社区自提点，节省了包装成本、存放成本和多点配送的人员成本，实现了生鲜农产品从生产基地直供社区家庭。此外，一些生鲜电商把目标客户定为餐饮商家、酒店等企业，这种B2B模式用户数量少、客单价高，与用户有长期稳定的合作关系，因滞销造成的损耗较低。为了满足消费者对生鲜产品的即时需求，盒马鲜生、京东到家等社区O2O模式显现了一定优势。如盒马鲜生以"品质体验+配送效率"增强消费者黏性，降低冷链物流配送成本。并且，即时送货上门保证了高新鲜度、低损耗率，也因冷链仓储的减少节省仓储成本。

总之，我国生鲜电商运营模式主要分传统零售平台触网、线下生鲜商家触网、生鲜电商三大类（见表 9-1）。

表 9-1　生鲜电商运营模式分类

生鲜电商运营模式类型			代表企业
传统零售平台模式			华润万家（e 万家）、大润发（飞牛网）、物美（多点）等
线下生鲜商家模式			百果园、果多美等连锁品牌及散户商家
生鲜电商	平台模式	综合电商平台	天猫喵鲜生、京东生鲜、1 号店、苏鲜生、亚马逊等
		社交电商平台	拼多多、云集微店等
	B2C模式	采购垂直电商	甫田网、优菜网、易果生鲜、每日优鲜等
		物流企业	顺丰优选、EMS 极速鲜等
		食品供应商	中粮我买网、光明菜管家等
	F2C 模式		多利农庄、沱沱工社等
	C2B2F 模式		食行生鲜、优食管家等
	B2B 模式		美菜网、一亩田等
	O2O 模式		爱鲜蜂、一米鲜、妙生活、京东到家、盒马鲜生等

生鲜电商物流模式主要分为自营物流和第三方物流，自营物流模式又可分为平台自营和企业自营（见表 9-2）。生鲜电商自营物流控制力强、服务力强，在物流效率、冷链温度和服务质量等方面都有一定的优势，能为消费者提供更优质的物流服务和更新鲜的生鲜产品。但是，从产品采购开始，冷库仓储、冷链运输、末端配送都由生鲜电商自建物流完成，资金投入大，规模化程度低。这种物流模式主要应用于京东、1 号店、顺丰优选等依托物流起家的生鲜电商企业。

一些生鲜电商企业由于自身不具备自建物流的能力，采用第三方物流企业运作的模式。目前，垂直生鲜电商企业主要采用第三方物流的模式，也有一些小型的生鲜电商企业（如淘宝、天猫平台的商家）和大型综合电商平台的部分生鲜业务采用第三方物流的模式。

表 9-2　生鲜电商物流模式分类

物流模式		代表企业
自营物流	平台自营	菜鸟、京东、亚马逊、苏宁等
	企业自营	安鲜达、微特派、鲜速达、顺丰、EMS、每日优鲜等
第三方物流		顺丰、中冷物流、太古冷链、九曳、黑狗、快行线等

一般来说，在生鲜产品物流配送过程中，除常温配送成本之外，还会产生生鲜产品损耗、变质所造成的损耗成本及冷冻冷藏所造成的相关费用。把控生鲜品质量，建立前置仓，创新生鲜品配送模式，建立健全冷链标准化体系，有助于降低配送成本（李学功、齐美丽，2016）。本书结合上述生鲜电商运营模式和生鲜产品配送的业务特点，依据流通范围、职能项目和支付形态，借鉴韩静（2013）对农产品企业物流的分类情况，[①] 对生鲜电商配送成本进行分类（见表9-3）。

当前，我国生鲜电商发展迅猛，但配送成本问题一直是生鲜电商发展的瓶颈。尤其是食品安全风险通常具有隐蔽性、累积性、多样性特点，而一旦发生又表现出危害的直接性（王可山、苏昕，2018），[②] 发展覆盖生产、储存、运输及销售整个环节的冷链系统至关重要（刘建鑫、王可山、张春林，2016）。[③] 然而，消费者通常对物流价格的接受意愿较低，而冷链配送成本过高，就会导致很多生鲜电商和第三方配送企业为降低配送成本采用常温配送的方法进行配送。常温配送比例高降低了生鲜农产品的质量，提高了农产品损耗率，导致顾客满意度不佳，这些进一步降低了顾客对物流价格的支付意愿，促使商家更多地使用常温配送。因此，生鲜电商配送成本控制及优化亟待实现新的突破。

表9-3 生鲜电商配送成本的分类及含义

分类依据	分类	含义
流通范围	入站物流成本	从配送站至正确的库位产生的费用
	站内物流成本	站内发生的装卸搬运、仓储、包装、流通加工等费用
	出站物流成本	从出库开始到配送到消费者手中的全部物流活动产生的费用
	逆向物流成本	配送人员将退换的产品取回产生的费用
	废弃物流成本	处理废弃的生鲜产品产生的费用

---

① 韩静. 基于作业成本法的农产品企业物流成本的研究与应用［D］. 北京：北京邮电大学，2013.

② 王可山，苏昕. 我国食品安全政策演进轨迹与特征观察［J］. 改革，2018（2）：29-42.

③ 刘建鑫，王可山，张春林. 生鲜农产品电子商务发展面临的主要问题及对策［J］. 中国流通经济，2016（12）：57-64.

续表

分类依据	分类			含义
职能项目	物流功能成本	物流运作成本	运输成本	生鲜产品配送所发生的车辆折旧、燃料、维修保养等费用。
			仓储成本	生鲜产品存储所发生的仓储费用
			包装成本	生鲜产品耗费的包装材料费用、包装机械费用、包装人工费用等
			装卸搬运成本	生鲜产品装卸过程的人工、装卸搬运及合理损耗费用
			流通加工成本	流通中产生的物流费用
		物流信息成本		采集传输、处理生鲜产品物流信息的费用
		物流管理成本		物流管理部门发生的费用
	存货相关成本	资金占用成本		物流活动中采购生产要素所产生的机会成本
		产品损耗成本		存储、运输、销售过程中产生的产品损耗费用
		保险和税收成本		生产经营过程中产生的保险费用及税金等
支付形态	站内物流成本	材料费		材料费、器具费、工具费等
		人工费		员工工资、福利、奖金、住房补贴等
		维护费		物流设备设施的折旧、维护、租赁等费用
		一般费用		办公费、差旅费、水电费、通信费等
		特殊费用		存货占用资金、产品损耗等费用
	委托物流成本			委托外部机构支付的物流费用

第三节　生鲜电商配送成本影响因素实证研究

一、建立层次模型

本书综合考虑不同运营模式和物流模式的特征，从时效性因素、竞争性因素、安全性因素、管理因素、标准化因素、其他因素六个方面对生鲜电商配送成本建立影响因素层次模型（见表9-4）。

表9-4 生鲜电商配送成本影响因素层次模型

目标层	准则层	指标层
生鲜电商配送成本影响因素 A	时效性因素 B₁	配送距离 C_{11}
		配送站选址 C_{12}
		配送工具选择 C_{13}
		配送人员素质 C_{14}
	竞争性因素 B₂	基础设施建设 C_{21}
		冷链投入水平 C_{22}
		流通加工能力 C_{23}
		信息处理能力 C_{24}
	安全性因素 B₃	冷链配送能力 C_{31}
		冷库仓储能力 C_{32}
	管理因素 B₄	配送团队建设 C_{41}
		物流管理能力 C_{42}
	标准化因素 B₅	产品标准化程度 C_{51}
		包装标准化程度 C_{52}
		作业标准化程度 C_{53}
	其他因素 B₆	保护政策、法律法规 C_{61}
		路况、天气等外界因素 C_{62}

二、构造判断矩阵与一致性检验

在层次模型的基础上，应用专家打分法，对不同类型生鲜电商企业、承担生鲜电商配送业务的第三方物流企业从业人员和领域专家进行问卷调查。以专家意见众数为基础，构造判断矩阵。目标层判断矩阵如下：

$$A = \begin{bmatrix} 1 & 5 & 5 & 7 & 7 & 7 \\ \frac{1}{5} & 1 & 1 & 5 & 3 & 3 \\ \frac{1}{5} & 1 & 1 & 5 & 3 & 3 \\ \frac{1}{7} & \frac{1}{5} & \frac{1}{5} & 1 & 1 & 1 \\ \frac{1}{7} & \frac{1}{3} & \frac{1}{3} & 1 & 1 & 1 \\ \frac{1}{7} & \frac{1}{3} & \frac{1}{3} & 1 & 1 & 1 \end{bmatrix} \qquad 式（1）$$

相应的特征根及指标值计算结果为：A 的最大特征根 $\lambda_{max}=6.186$；相应的特征根向量为 $w'=$（0.512，0.163，0.163，0.047，0.057，0.057）；一致性指标 $CI=0.037$；随机一致性指标 $RI=1.24$；一致性比率 $CR=0.030<0.1$，通过一致性检验。

同样，通过构造准则层判断矩阵，相应的特征根及指标值计算结果见表 9-5。并且，对目标层判断矩阵进行层次总排序及一致性检验，得 $CR=0.072<0.1$，通过一致性检验，表示影响因素分析的权重确定是有效的。

表 9-5　准则层判断矩阵相应的特征根及指标值

准则层判断矩阵	最大特征根（λ_{max}）	特征根向量（w'）	一致性指标（CI）	随机一致性指标（RI）	一致性比率（CR）	一致性检验
时效性因素判断矩阵（B_1）	4.179	（0.555，0.272，0.125，0.048）	0.060	0.9	0.066<0.1	通过
竞争性因素判断矩阵（B_2）	4.260	（0.401，0.176，0.353，0.069）	0.087	0.9	0.096<0.1	通过
安全性因素判断矩阵（B_3）	2	（0.667，0.333）	——	——	——	不需检验
管理因素判断矩阵（B_4）	2	（0.857，0.143）	——	——	——	不需检验
标准化因素判断矩阵（B_5）	3.054	（0.584，0.184，0.232）	0.027	0.58	0.046<0.1	通过
其他因素判断矩阵（B_6）	2	（0.167，0.833）	——	——	——	不需检验

三、生鲜电商配送成本各影响因素权重及重要性排序

根据以上确定的生鲜电商配送成本各影响因素权重，计算各影响因素合成权重，据此得出生鲜电商配送成本影响因素重要程度排序（见表 9-6）。可见，利用层次分析法，经过专家打分、综合受访者意见，配送距离、配送站选址和冷链配送能力是当前对生鲜电商企业配送成本影响最大的三个因素，生鲜电商企业在控制配送成本的过程中应更加注意这三个方面。

表 9-6　生鲜电商配送成本影响因素的权重及重要性排序

准则层权重	指标层权重	影响因素	合成权重	重要性排序
0.512	0.555	配送距离 C_{11}	0.284	1
	0.272	配送站选址 C_{12}	0.139	2
	0.125	配送工具选择 C_{13}	0.064	5
	0.048	配送人员素质 C_{14}	0.025	12
0.163	0.401	基础设施建设 C_{21}	0.066	4
	0.176	冷链投入水平 C_{22}	0.029	11
	0.353	流通加工能力 C_{23}	0.058	6
	0.069	信息处理能力 C_{24}	0.011	15
0.163	0.667	冷链配送能力 C_{31}	0.109	3
	0.333	冷库仓储能力 C_{32}	0.054	7
0.048	0.857	配送团队建设 C_{41}	0.041	9
	0.143	物流管理能力 C_{42}	0.023	13
0.057	0.584	产品标准化程度 C_{51}	0.033	10
	0.184	包装标准化程度 C_{52}	0.010	16
	0.232	作业标准化程度 C_{53}	0.013	14
0.057	0.167	保护政策、法律法规 C_{61}	0.009	17
	0.833	路况、天气等外界因素 C_{62}	0.047	8

第四节　电商生鲜食品物流能力评价
——以 M 电商企业肉类产品为例

一、基于作业成本法的生鲜电商配送成本核算通用模型

本书以作业成本法的基本理论模型和基础数学模型为基础，分析生鲜电商配送的直接成本和间接成本，构建符合生鲜电商企业运作模式的配送成本核算通用模型。目前企业里的会计核算制度不能直接实现记录企业物流成本，需在财务信息中将物流资源抽离出来，获取相应的物流资源的财务数据。

本书沿用作业成本法基础数学模型及其主旨思想，对基础模型进行改进和完善，使其适合计算生鲜电商企业的物流成本。孙高平（2012）曾采用此

方法对冷链物流成本核算做了细致研究，认为有助于获取相对准确的成本信息，并可发现资源利用不合理之处，[①] 为本书的研究提供了很好的借鉴。从生鲜电商配送业务看，生鲜电商配送成本也由直接成本（直接材料成本、直接人工成本）和间接成本两部分组成。因此，如若设定某一生鲜电商配送项目 p 之后，成本对象 p 的总成本 T_p 计算公式可以表示为：

$$T_p = M_p + L_p + I_p \qquad 式（2）$$

式中，T_p 为生鲜电商配送项目 p（成本对象）的总成本；M_p 为其直接材料成本；L_p 为其直接人工成本；I_p 为其总的间接成本。

生鲜电商配送项目的直接成本主要包括直接材料、直接人工。其中，直接材料是指对生鲜产品进行加工、包装等耗用的材料，通常与产品数量成正比例关系。直接人工成本是指能够明确归集到某一服务或项目中的人员工资、奖金等。

直接材料成本的核算公式为：

$$M_p = \sum_{u=1}^{v} Y_u G_{up} (u = 1, 2, \cdots, n) \qquad 式（3）$$

式中，G_{up} 为对象 p 耗用直接材料的数量；Y_u 为直接材料的单位价格。

直接人工成本的核算公式为：

$$L_p = \sum_{e=1}^{x} T_{ep}\mu_e (e = 1, 2, \cdots, x) \qquad 式（4）$$

式中，T_{ep} 为工时总数；μ_e 为工种 e 的平均每小时的工资标准。

借鉴作业成本法核算冷链物流企业间接成本的方法，生鲜电商配送项目 p（即成本对象）分配到的总间接成本，可以完整表示为：

$$I_p = \sum_{k=1}^{q} R_k \times Q_{kp} = \sum_{k=1}^{q} \sum_{j=1}^{m} \sum_{i=1}^{n} \frac{c_i \times q_{ij} \times w_{jk}}{A_k a_i} \times Q_{kp} \qquad 式（5）$$

式中，R_k 为成本库 k 的作业动因率；Q_{kp} 为成本库 k 的作业动因数量；c_i 为资源 i 的资源成本；Q_{ij} 为作业 j 耗用资源 i 的资源动因量；w_{jk} 表示作业 j 是否属于作业成本库 k，若属于则其值为 1，否则为 0；A_k 为成本库 k 的作业动因数量；A_i 为资源 i 的资源动因量。

因此，生鲜电商配送成本对象 p 的总成本核算公式为：

---

① 孙高平. 基于作业成本法的冷链物流成本核算研究［D］. 大连：大连海事大学，2012.

$$T_p = M_p + L_p + I_p = \sum_{u=1}^{v} Y_u G_{up} + \sum_{e=1}^{x} T_{ep}\mu_e + \sum_{k=1}^{q} \sum_{j=1}^{m} \sum_{i=1}^{n} \frac{c_i \times Q_{ij} \times w_{jk}}{A_k A_i} \times Q_{kp}$$

式（6）

二、基于作业成本法的生鲜电商配送成本控制案例研究

本书选用生鲜电商 M 企业的一个配送站进行案例研究。M 企业采用前置仓的模式建立"城市分选中心+社区微仓"的二级分布式仓储体系，完成生鲜产品的配送。该企业在全国 20 个城市建立城市分选中心，并根据订单密度在商圈和社区建立近 1000 个前置仓，配送范围覆盖周边半径三公里。该企业通过采取"冷源+时间冷链"的配送方式自建物流、自有配送，为消费者提供生鲜产品 2 小时（会员 1 小时）送达服务。其售卖产品涵盖常温产品、保鲜产品、冷冻产品中的 11 个品类，基本满足了消费者对生鲜食品的需求。前置仓设常温库、保鲜库、冷冻库三温段库区。同时，基于大数据，通过商品过往的销量、价格、是否工作日、是否节庆日，以及水果节令等因素对未来进行销量预测，对各前置仓进行配货与补货，通常城市分选中心每天对前置仓进行一次补货。

总的来看，M 企业的前置仓模式具有一定的优势。第一，采用即时配送的模式，使售卖产品从出库到消费者手中不超过 2 小时，一般情况下常温配送即可保证质量，并降低了末端配送费用和生鲜产品在配送途中的损耗率。第二，采用前置仓模式，使产品从城市分选中心不经最终包装运输至前置仓，降低了配送中心至配送站的物流费用。第三，前置仓模式在干线运输中以集约型运输代替单包裹运输，减少冷媒及包材的使用，降低了生鲜电商的包装成本，而且配送速度更快。

通过对 M 企业的前置仓的数据收集，确定其配送成本资源（见表 9-7）。对各资源的资源动因和资源动因分配率分析与计算，将各资源分配到各冷链物流作业中，经过汇总，得到了各配送作业的作业成本（见表 9-8）。

表 9-7　各类资源费用情况

单位：元

人工费	电费	折旧费	租金	材料费	损耗成本	维修费	维护费	合计
111660	5599.15	845.28	23400	14010	1970	166.67	16.67	157667.76

表9-8 各项配送作业的作业成本情况

单位：元

作业	人工费	电费	折旧费	场租	材料费	产品损耗成本	维修费	维护费	合计
卸车	600								600
入库	900			780					1680
常温仓储			30	9360		300			9690
保鲜仓储		3051	333.33	7020		1350	83.33	8.33	11846
冷冻仓储		1248.65	222.22	2340		120	83.33	8.33	4022.54
库存管理	2400		138.89	390					2928.89
订单处理	3600		120.83	390	840				4950.83
配货	16200			390					16590
常温包装				780	6030				6810
保温包装				780	7140				7920
车辆调度	4320			390					4710
出库	8640			780					9420
配送	75000	1299.5				200			76499.5
合计	111660	5599.15	845.28	23400	14010	1970	166.67	16.67	157667.76

将作业成本根据作业动因分配至各成本核算对象。确定各物流作业的作业动因和作业动因量，从而确定作业动因率。M企业配送站当月配送冷冻产品约9000件，保鲜产品约36000件，常温产品约36000件，合计81000件。具体见表9-9。

表9-9 各物流作业的作业动因率

作业名称	作业动因	作业成本（元）	作业动因总量（件）	作业动因率
卸车	产品总数	600	81000	0.007
入库	产品总数	1680	81000	0.021
常温仓储	常温产品数量	9690	36000	0.269
保鲜仓储	保鲜产品数量	11846	36000	0.329
冷冻仓储	冷冻产品数量	4022.54	9000	0.447
库存管理	产品总数	2928.89	81000	0.036
订单处理	订单数量	4950.83	15000	0.330
配货	产品总数	16590	81000	0.205
常温包装	常温、保鲜产品数量	6810	72000	0.095

续表

作业名称	作业动因	作业成本（元）	作业动因总量（件）	作业动因率
保温包装	冷冻产品数量	7920	9000	0.880
车辆调度	订单数量	4710	15000	0.314
出库	订单数量	9420	15000	0.628
配送	订单数量	76499.5	15000	5.100

现有订单 A，其中常温产品 6 件、保鲜产品 2 件、冷冻产品 1 件，核算其配送成本，订单 A 的配送成本为 13.151 元（见表 9-10）。因此，M 企业前置仓的配送成本主要集中在配送、仓储、配货和包装中，可在配送成本控制措施中集中优化这几部分的成本。目前多数生鲜电商企业面临的产品损耗过高的问题并没有在 M 企业的配送环节中出现，这证明前置仓的物流模式在很大程度上缓解了生鲜电商配送环节损耗过高的情况。

表 9-10　成本对象订单 A 分配到的作业成本

作业名称	作业动因	作业动因率	作业动因量（件）	作业成本（元）
卸车	产品总数	0.007	9	0.067
入库	产品总数	0.021	9	0.187
常温仓储	常温产品数量	0.269	6	1.615
保鲜仓储	保鲜产品数量	0.329	2	0.658
冷冻仓储	冷冻产品数量	0.447	1	0.447
库存管理	产品总数	0.036	9	0.325
订单处理	订单数量	0.330	1	0.330
配货	产品总数	0.205	9	1.843
常温包装	常温、保鲜产品数量	0.095	8	0.757
保温包装	冷冻产品数量	0.880	1	0.880
车辆调度	订单数量	0.314	1	0.314
出库	订单数量	0.628	1	0.628
配送	订单数量	5.100	1	5.100
合计		13.151（元）		

第五节　生鲜电商配送成本控制优化建议

本书通过对生鲜电商配送成本影响因素及 M 企业某前置仓的配送成本分

析，认为生鲜电商的配送成本的控制应着力于配送成本、仓储成本、包装成本和配货成本等方面。具体建议如下：

（1）增加日补货次数。一般情况下，每日补货一次会有很多问题。第一，仓库利用率低。通过对 M 企业前置仓的实地考察发现，其仓库利用率不高，尤其是在每天下午仓库利用率更低，有时甚至不足 30%，大大增加了前置仓的仓储成本。第二，容易产生缺货。虽然 M 企业利用大数据技术对用户需求进行预测，但一些偶发需求难以预测，并且在生鲜产品集中大量上市的销售旺季，需求量会急剧增加。因此，每日补货一次的做法，容易增加缺货风险和缺货成本。

可根据生鲜产品实时库存、当日生鲜产品销售情况和生鲜产品的季节性状况，设置合理的"库存预警线"，并根据已有的大数据系统开发补货系统。据此，适时根据需要增加日补货次数，不仅可以提高周转率，提高仓库利用率，降低仓储面积，还能降低缺货风险和缺货成本。

（2）优化配送路径。由于 M 企业采用即时配送的模式，用户对配送时效的要求较高，需要对配送员的配送路径进行系统规划。如果仅凭内场工作人员和配送员的经验进行调度和规划配送路径，容易产生失误，降低配送效率甚至造成不经济的后果。并且，在每个订单中如果常温产品、保鲜产品和冻品同时存在，由于不同产品对配送时效的要求不同，在配送网点多、道路网复杂的情况下，更应注重配送路径优化，以减少配送成本和损耗成本，同时更有效地满足不同用户对时间窗的要求。

可运用遗传算法、蚁群算法等方法优化配送员的配送路径，同时综合时间窗理论进行车辆和配送员的调度作业。这样不仅可提高生鲜电商的配送效率，降低其配送成本，还可以根据每个订单中的产品构成规划配送次序，降低生鲜产品在配送途中的损耗，保证生鲜产品的新鲜度和质量安全，提高消费者满意度。

（3）合理规划库位。M 企业前置仓的冷冻仓库和冷藏仓库利用率不高，其中一个主要原因是其生鲜仓库库位规划问题，纵向空间还没有得到充分利用，冷冻仓库和冷藏仓库仅在两侧摆放了货架，其余空间货物只摆放在地面，大大浪费了仓储资源。同时，由于没有合理规划库位，容易产生一些无效工作，也增加了工作人员配货的时间和成本。

可运用遗传算法等方法，结合大数据计算产品组合购买频率等因素，对前置仓库位进行合理规划，使其更符合工作流程，提高仓库利用率，减少搬运距离，降低配货成本。

（4）采用循环箱进行末端冻品配送。冷冻冷藏食品需要进行保温包装后配送，会产生较高的包装费用。同时，如果保温包装是一次性的，就会出现不经济、不环保等问题。M 企业在近距离末端配送中采用"时间冷链"的模式进行配送，即对生鲜产品仅进行保温包装，不使用其他冷链手段，通过缩短配送时间保证生鲜产品的新鲜度。这种方式会由于路况、天气等原因，存在不能在承诺配送时效内送达的风险，一旦发生就不能保证生鲜产品的新鲜度、质量和食品安全。

建议此类配送采用具有蓄冷材料的循环周转箱进行末端配送，在节省包装成本的同时，保证生鲜产品的质量和新鲜度。蓄冷材料的冷冻效果也优于保温包装，可为配送提供更多的时间和临时应急准备。同时，在条件成熟的时候，可根据用户需求和聚集度，积极推行多温度的配送服务和共同配送。

第十章 供应链视角下网购食品质量安全关键控制点研究

第一节 现实状况与文献回顾

一、现实状况

近年来，我国网络购物市场发展迅猛，2017 年中国网络购物市场交易规模达 6.1 万亿元，较 2016 年增长 29.6%，[①] 网络购物已经成为我国居民日常消费选择的主要方式之一。食品是人类生存最基本的需要，是网络购物的一个重要品类，网购食品交易额从 2010 年的 131 亿元增长到 2016 年的 700 亿元。[②] 由于食品的特殊产品属性和社会属性，食品质量安全受到诸多关注。在网络购物迅速发展的背景下，网络交易的虚拟性、隐蔽性、不确定性和复杂性特征，使得网购食品的质量安全问题日益凸显，引起了政府和社会的高度关注。有业内人士坦言，七成以上的"超市下架"食品流入电商平台，甚至不少都是无生产日期、无质量合格证、无生产厂家的典型"三无"产品。[③] 2014 年，我国开展网络食品交易专项整治，严厉查处通过互联网销售"三无"食品、不符合安全标准食品等违法违规行为，特别强调进一步规范网络销售婴幼儿配方乳粉行为。[④] 2015 年，《食品安全法》将网购食品纳入法律规范范围，规定"网络食品交易第三方平台提供者应当对入网食品经营者进行

---

① 陈新生. 2017 网购市场规模达 6.1 万亿同比增 29.6%［EB/OL］.［2018-01-22］. http://www.ec.com.cn/article/dsyj/sjzs/201801/24867_ 1. html.

② 经济参考报. 业内称七成超市下架食品流入电商平台网购需留意［EB/OL］.［2017-01-20］. http://gd.sina.com.cn/finance/tousu/2017-01-20/cj-ifxzuswr9646275. shtml.

③ 经济参考报. 业内称七成超市下架食品流入电商平台网购需留意［EB/OL］.［2017-01-20］. http://gd.sina.com.cn/finance/tousu/2017-01-20/cj-ifxzuswr9646275. shtml.

④ 国务院办公厅. 国务院办公厅关于印发 2014 年食品安全重点工作安排的通知［EB/OL］.［2014-5-27］. http://www.gov.cn/zhengce/content/2014-05/27/content_ 8827. html.

实名登记，明确其食品安全管理责任"；"消费者通过网络食品交易第三方平台购买食品，其合法权益受到损害的，可以向入网食品经营者或者食品生产者要求赔偿"。① 人们通常认为食品是经验品，其鲜嫩程度、口感味道等特征只有消费之后才能做出判断。同时，食品也是典型的信任品，其质量安全品质特征仅凭知觉和经验是难以做出合理评判的。② 而网购食品交易过程的虚拟化，使线上商家和消费者之间存在着比传统环境下更为严重的信息不对称，食品的经验品和信任品属性变得更为明显。此外，受制于冷链物流和保鲜技术的实际应用状况，网购食品发展面临的困境更多。

随着食品交易业态的转变，食品供应链上各主体间的利益均衡状态也发生着变化。与传统的食品供应链相比，网购食品少了分销的层级，加工企业或者一级销售商可以直接在电商平台上进行销售。这种非面对面交易的方式虽然拓展了市场销售渠道，但传统的现场品尝观看、检测设备检测等手段变得无效，使得消费者准确判断网购食品的质量安全水平难度增加。也就是说，在渠道拓展的过程中，因为网购这种交易业态的特性，市场主体之间关于食品质量安全的信息不对称性变得突出，若不能对网购食品市场进行必要的信息规制，那么不仅会增加市场主体的信息获取成本和风险防御成本，还有可能为网购食品供应链上食品供给方的机会主义行为提供空间。

确保网购食品质量安全，需要准确判别网购食品供应链中需要加强监管的环节及各环节产生问题的本质原因，定位网购食品质量安全控制的关键点，为进一步优化网购食品质量安全控制体系奠定基础。因此，从供应链角度对网购食品质量安全关键控制点进行定位，并对其进行等级评价，不仅能够丰富供应链管理理论，还可为网购食品质量安全风险控制提供借鉴。

二、文献简要回顾

对于网购食品质量关键控制点的研究较为少见，现有研究主要集中在食品供应链的管理、网购食品质量安全问题以及食品质量关键控制点的确定及其对策措施三个方面。

近年来，我国食品安全形势总体稳定向好，为我国社会稳定、经济繁荣

---

① 卢俊宇 . "史上最严" 食品安全法 "严" 在哪儿？ ［N/OL］. 新华网 . ［2015-04-25］. http：//www.xinhuanet.com/politics/2015/04/25/c_127730790.html.
② 王可山，李秉龙 . 食品安全问题及其规制探讨 ［J］. 现代经济探讨，2007 (4)：44-47.

和居民身心健康做出了巨大贡献，也为世界各国解决食品安全难题提供了中国实践和经验（王可山、苏昕，2018）。① 然而，由于在整个食品供应链中都存在食品安全风险的因素，② 我国食品安全仍面临重大挑战，只有加强食品供应链管理，才能保障食品质量安全。③ 食品供应链上下游企业之间的信息不透明会使得各环节主体之间标准各异，难以提供安全的食品。④ Trienekens（2001）通过欧盟肉类供应链、果蔬供应链和食品加工业的案例分析指出，在多方利益相关者要求下，食品企业不得不采用能对食品进行识别、登录、追踪和追溯的复杂信息系统。⑤ 由于供应链追溯系统能够对整个供应链各环节进行检测和记录，大大增加了食品生产加工的透明度，消费者能够获得关于食品安全的关键信息。⑥ 只有食品供应链透明，企业才能协调发展，食品才能相对安全，整个链条才会高效。⑦ 对于供应链食品安全风险的产生，Rijswijk 和 Frewe（2008）认为主要在食品生产加工及流通配送的技术层面；⑧ Diaba，Govindan 和 Panicker（2012）进一步运用解释结构模型技术，确定了食品供应链各种风险之间的关系；⑨ 李美苓、张强、邹正兴（2017）则针对网购食品建立的食品供应商与第三方电子商务平台关于企业社会责任的博弈模型，经过演化结果分析得出食品供应商与第三方电子商务平台在不同情形下的演化稳定均衡策略。⑩

---

① 王可山，苏昕. 我国食品安全政策演进轨迹与特征观察 [J]. 改革，2018（2）：31–44.

② Asselt E. D. , Meuwissen M. P. M. Asseledonk. Selection of critical factors for identifying emerging food safety risks in dynamic food production chains [J]. Food Control, 2010, 21（6）：919–926.

③ Leon G. M. Gorris. Food safety objective：An integral part of food chain management [J]. Food Control, 2005（16）：801–809.

④ 龚强，陈丰. 供应链可追溯性对食品安全和上下游企业利润的影响 [J]. 南开经济研究，2012，06：30–48.

⑤ Trienekens J. H. , H. H. Hvolby. Models for supply chain reengineering [J]. Production Planning & Control, 2001, 12（3）：254–264.

⑥ Caswell, J. A. Toward a More Comprehensive Theory of Food Labels [J]. Americian Journal of Agricultural Economics, 1992, 74（2）：460–468.

⑦ 代文彬，慕静. 面向食品安全的食品供应链透明研究 [J]. 贵州社会科学，2013（04）：155–159.

⑧ Rijswijk W. V. , Frewer L. J. Consumer perceptions of food quality and safety and their relation to traceability [J]. British Food Journal, 2008, 110（10）：1034–1036.

⑨ Diabat A. , Govindan K. , Panicker V. V. Supply chain risk management and its mitigation in a food industry [J]. International Journal of Production Research. 2012, 50（11）：2029–2050.

⑩ 李美苓，张强，邹正兴. 食品供应链企业社会责任的演化博弈分析 [J]. 运筹与管理，2017，26（08）：34–44.

危害分析和关键控制点（Hazard Aanlysis and Critical Control Point，HAC-CP）是最有效的保障食品安全的管理方法。1973 年，由美国食品与药物管理局（FDA）针对低酸度罐装食品提出的生产管理规范（GMP）法规，是 HACCP 原则的首次重要应用。危害分析一般包括危害识别和危害评估两个阶段。其中，危害评估需要确定哪些潜在危害是显著危害，并将显著危害放入 HACCP 技术体系中来控制（马颖，2014）。[①] 但 HACCP 技术不能独立地确保食品安全，必须与其他安全体系相互协调配合（樊永祥、李泰然，2010）。[②] 应推动区块链技术与食品质量安全可追溯系统的结合，促进食品供应链各个环节信息的可视化（文晓巍、杨朝慧，2018），[③] 尽早发现食品安全事件的风险因素，减小食品安全事件造成的负面影响（刘鹏，2013）。[④] 李红（2012）通过收集我国食品问题事件相关的数据，分析问题事件发生的环节和根本原因，利用交叉矩阵的方法得出最为重要的环节节点，并针对节点提出建议。[⑤] 李祥洲等（2016）从时间、地区、农产品种类、性质原因、产业环节、传播渠道等方面研究了农产品质量安全舆情发生发展的内在趋势与规律。[⑥] 此外，基于食品安全问题事件，张红霞、安玉发、张文胜（2013）对我国食品安全风险识别、评估与管理，[⑦] 莫鸣、安玉发、何忠伟（2014）对超市食品安全的关键监管点，[⑧] 张红霞、安玉发（2014）对企业食品安全危机事件的诱因、特征做了实证分析。[⑨]

---

① 马颖，吴燕燕，郭小燕. 食品安全管理中 HACCP 技术的理论研究和应用研究：文献综述 [J]. 技术经济，2014（7）：82-89.

② 樊永祥，李泰然，包大跃. HACCP 国内外的应用管理现状（综述）[J]. 中国食品卫生杂志，2010（13）：38-42.

③ 文晓巍，杨朝慧. 食品企业质量安全风险控制行为的影响因素：以动机理论为视角 [J]. 改革，2018（4）：82-91.

④ 刘鹏. 风险程度与公众认知：食品安全风险沟通机制分类研究 [J]. 国家行政学院学报，2013（3）：93-97.

⑤ 李红. 中国食品供应链风险及关键控制点分析 [J]. 江苏农业科学，2012（5）：262-264.

⑥ 李祥洲，邓玉，廉亚丽，戚亚梅，郭林宇. 我国食用农产品质量安全舆情隐患分析 [J]. 食品科学技术学报，2016（2）：76-82.

⑦ 张红霞，安玉发，张文胜. 我国食品安全风险识别、评估与管理 [J]. 经济问题探索，2013（6）：135-141.

⑧ 莫鸣，安玉发，何忠伟. 超市食品安全的关键监管点与控制对策——基于 359 个超市食品安全事件的分析 [J]. 财经理论与实践，2014（1）：137-140.

⑨ 张红霞，安玉发. 企业食品安全危机事件的诱因、特征及应对 [J]. 科技管理研究，2014（17）：196-210.

由于网络虚拟性特征导致的信息严重不对称，使得网购食品质量安全备受关注。在网络购买中，消费者与商家基于信息技术的交易互动，与传统商业环境下的接触交易关系不一样（David，2003），[①] 消费者的受教育程度、客观认知能力和其关注的保质期、送货速度、买家评论对网购食品安全风险防控有正相关影响（王殿华，2016）。[②] 总体来看，消费者特点、企业特点、网站架构和交互性是网络信任的主要影响因素（Chen and Hughes，2004）。[③] 在线上网购时，消费者感知风险和信任负相关（黄家怡，2010），[④] 消费者对于电子商务网站以及食品的信任和感知风险能够直接影响消费者的食品安全信心，网站声誉及网站信息质量通过信任这一变量间接地影响消费者的食品安全信心（龙小丹，2014）。[⑤] 针对网购食品交易的复杂性，应加快网购食品安全信用体系建设，强化消费者食品安全意识，拓宽消费者网购维权渠道（张红霞，2017）。[⑥] 当前，网购食品质量安全问题受到广泛关注，关于网购食品质量安全关键控制点的研究也逐渐引起学者们的重视。本书利用2009—2017年发生的387个网购食品质量安全有效事件作为研究样本，探究网购食品质量安全关键控制点，从供应链视角提出保障和提升网购食品质量安全水平的对策和建议。

第二节　数据来源与模型选择

一、数据来源与处理

本书的研究对象是网购食品质量安全，实证研究的数据来自政府部门数

① David Gefen. TAM or Just Plain Habit：A Look at Experienced Online Shoppers [J]. Journal of Organizational and End User Computing (JOEUC)，2003，15（3）.

② 王殿华，莎娜. 基于消费者行为的网购食品安全风险防控研究 [J]. 调研世界，2016（10）：13-18.

③ Chen C. K.，Hughes J. Using Ordinal Regression Model to Analyze Student Satisfaction Questionnaries [J]. Association for Institutional Research Applications，2004，1（5）：1-13.

④ 黄家怡. 电视购物中消费者感知风险对信任的影响研究 [D]. 湖南大学，2010.

⑤ 龙小丹. 基于在线购买方式的消费者食品安全信心影响因素分析 [D]. 哈尔滨工业大学，2014.

⑥ 张红霞，杨渊. 消费者网购食品安全信心及其影响因素分析 [J]. 调研世界，2017，（10）：17-22.

据库及新闻网站上曝光的网购食品质量安全问题事件，时间跨度为 2009—2017 年，共收集到网购食品质量安全事件 427 个，剔除其中无法查明缘由的事件 40 个，将剩余的 387 个网购食品质量安全事件作为研究样本（见表 10-1）。由于这些样本数据的地域来源是全国性的，不存在对某个特定地区的侧重记录，并且对于问题事件发生的环节也不存在侧重，因此，本书收集的数据具有客观性，能够反映网购食品质量安全在食品供应链各个环节存在的现状。在分析过程中，通过处理每一条食品质量安全事件的记录，寻找每个事件的初始发生环节，并将事件发生的本质原因进行了分类，在食品质量安全 SC-RC 判别与定位矩阵中进行记录。

表 10-1 2009—2017 年网购食品质量问题事件统计

年度	频数
2009	3
2010	12
2011	14
2012	41
2013	58
2014	21
2015	62
2016	109
2017	67
总计	387

数据来源：政府部门数据库、新闻网站。

二、网购食品质量安全 SC-RC 判别与定位矩阵

通常来讲，食品供应链的任何一个环节都可能发生质量安全问题，因此其本质原因具有复杂性和多样性特点。为了找到网购食品质量安全控制的薄弱点，本书借助已有研究的方法，根据网购食品供应链和网购食品质量安全的特殊性，建立一个能够同时判别事件发生的初始环节和问题产生的本质原因的判别与定位矩阵，通过对收集的 2009—2017 年网购食品质量安全问题事件进行分析，得出网购食品质量安全的关键控制点。

在网购食品质量安全 SC-RC 判别与定位矩阵构建中，矩阵的第一个维度

是网购食品供应链环节（SC），根据网购食品供应链特点将其分为 5 个环节，分别为农产品生产环节、食品加工环节、电商销售环节、物流配送环节以及消费环节（见表 10-2）。

表 10-2　网购食品供应链环节

网购食品供应链环节	说明
农产品生产环节（A1）	农产品的种植或养殖、产品成熟后的收集环节
食品加工环节（A2）	食品的加工环节，包括初加工和深加工
电商销售环节（A3）	食品通过电商平台的销售环节
物流配送环节（A4）	为线上服务的物流配送环节，包括食品的仓储和配送
消费环节（A5）	买方直接食用或烹饪的环节

矩阵的第二个维度是网购食品发生质量安全问题的本质原因（RC）。本书根据已有的研究成果和收集的网购食品质量安全事件样本数据，总结归纳了 14 个引发网购食品质量安全问题的本质原因（见表 10-3）。

表 10-3　网购食品质量安全问题的本质原因

本质原因	说明
使用不合格原料（a1）	使用劣质原料等
添加有害投入品（a2）	违规添有害化工原料、添加剂等
原料使用不当（a3）	使用其他原料代替或者添加药品性原料等
售假（a4）	销售变质、过期、假冒或违禁食品等
造假（a5）	掺假食品或者伪造信息等
加工过程不规范（a6）	人员操作失误或未按标准工艺处理食品等
农资施用不当（a7）	过量使用农药、化肥、兽药等
包装不当（a8）	包装破损或者包装标注不符合规定等
仓储不当（a9）	未按要求进行存储
运输不当（a10）	未按要求进行运输
卫生管理不规范（a11）	设备和人员卫生管理不规范
虚假宣传（a12）	不符合实际的宣传
检验不当（a13）	平台或商家检验不当
自然环境污染（a14）	由自然环境污染造成

在上述网购食品供应链环节和网购食品质量安全问题本质原因分析的基础上，把网购食品供应链环节和网购食品质量安全问题本质原因作为矩阵的

两个维度，形成网购食品质量安全 SC-RC 判别与定位矩阵。通过构建该矩阵，判别单一网购食品质量安全事件的本质原因及问题发生的初始环节，并进一步通过归集大量网购食品质量安全事件的实证数据，对网购食品质量安全风险的关键控制点进行定位。

三、利用 Borda 序值法改进风险矩阵法

本书根据网购食品质量安全问题波及的范围、产生后果的程度以及采取措施的紧要程度，将网购食品质量安全问题发生的严重性定性地分为若干等级，即网购食品质量安全风险的影响等级。同时，根据质量安全问题发生的频数，将网购食品质量安全问题事件发生的可能性也定性地分为若干等级，即网购食品质量安全风险发生的概率。对于网购食品某一特定质量安全问题发生的本质原因，在研究中首先根据该本质原因发生的影响等级的阐释来确定其风险影响等级，然后根据该原因发生的概率等级的阐释来确定其风险发生的概率，最后根据风险影响等级和风险发生概率确定风险的级别。

通常，风险矩阵法只是简单地对某一特定风险进行评价，而且由于风险的等级层数较少，当存在多个风险因素时，无法精确地分辨风险因素之间的级别程度。为此，本书采用 Borda 序值法改进风险矩阵法，以此来对网购食品质量安全关键控制点进行分级，使得对本质原因的排序更为合理，有利于保证政策措施的针对性。Borda 序值法是结合风险影响等级和风险发生概率的序列对所有风险进行排序，风险等级序列显示在 Borda 序列栏中。其中，量化值为利用专家评价法由专家依据自身经验给出的，序值表示比该风险等级更高的其他关键风险因素的个数，Borda 序值表示总的风险等级。

假设 N 为风险总个数，设 i 为某一个特定风险，k 表示某一准则，在本书中 k 分为：$k=1$ 表示风险影响，$k=2$ 表示风险概率两种情况；r_{ik} 表示风险 i 在准则 k 下的风险等级序值；B_i 表示某一关键控制点的 Borda 数，若 B_i 越大，则该关键控制点的重要程度越高，反之越小。通常，风险 i 的 Borda 数可由下式给出：

$$B_i = \sum (N - r_{ik})$$

据此，本书利用 Borda 序值法改进的风险矩阵，在原风险矩阵的基础上采用专家评价法将风险的影响等级和风险发生的概率进行量化，然后根据公式计算出相应的 Borda 序值，并据此对网购食品质量安全的关键控制点进行评级。

第三节　网购食品质量安全关键控制点实证分析

本书对收集的网购食品质量安全事件，利用矩阵模型将网购食品供应链环节和问题事件的本质原因进行交叉处理，用"供应链环节—本质原因—频数"表示网购食品质量问题事件发生的供应链环节、本质原因以及频数，例如 A2-a1-38 表示发生在食品加工环节（A2），因为使用不合格原料（a1）导致的网购食品质量安全问题事件有 38 件。最终统计的频数是 502，大于有效事件 387，因为有部分事件发生的原因涉及多个环节的多个问题。

一、网购食品质量安全问题的供应链环节判别

网购食品供应链的各个环节都有可能出现质量安全问题，根据网购食品供应链的各个环节进行划分，统计各个环节发生质量问题的事件（见表10-4）。

表 10-4　网购食品质量问题事件发生环节数据统计

环节	频数	百分比
农产品生产环节（A1）	7	1.71%
食品加工环节（A2）	176	43.03%
电商销售环节（A3）	182	44.50%
物流配送环节（A4）	44	10.76%
消费环节（A5）	—	—

从网购食品的供应链环节来看，网购食品质量安全出现问题最多的两个环节分别是电商销售环节（A3-182）、食品加工环节（A2-176），分别占总数的 44.50%、43.03%。在各环节中，食品加工环节和电商销售环节的质量安全问题事件频数相差不大，这两个环节发生的频数占总数的 87.53%。此外，物流配送环节（A4-44）质量安全问题事件占比约为 10.76%；发生问题最少的环节是农产品生产环节（A1-7），占比约为 1.71%。随着电子商务的快速发展，电子商务对经济发展的贡献越来越大，人们的生活也因电子商务的发展越来越便利。食品网购是电子商务的重要组成部分，网购食品的质量安全问题被人们日益关注。

从网购食品质量安全问题发生在电商销售环节的 182 个事件看，主要存在的问题是电商平台上的商家造假售假、进口食品的包装标签不合格以及虚假宣传等。相对于传统的销售环节，网购食品具有显著的虚拟性特征，交易双方通过网络实现跨地域交易，不需要进行面对面交易，使得传统的交易监管方式在监管网购食品时存在不足。消费者进行网购时，一般只通过商家网络上的宣传图片、商品参考价格和其他用户的评价进行交易，而且食品本身就是经验品和信任品属性较强的商品，使得网购食品市场的信息不对称较为突出，消费者判断网购食品的质量安全水平面临更多困难。

从网购食品质量安全问题发生在食品加工环节的 176 个事件看，主要存在的问题是原料选取、添加剂的使用、包装不符合规范、加工过程不规范、卫生管理不规范以及造假等。食品加工环节涉及多个过程，从原料选取、配料、设备工艺设定到包装食品、人员操作、卫生管理等都需要进行质量控制，过程多且复杂，导致食品质量安全控制的难度较大，这是当前食品行业面临的共性问题。消费者在网购食品时，食品价格是一个重要的参考量。相对于传统行业而言，电商本身具有价格优势。在激烈的电商竞争背景下，食品加工环节的成本压力无疑在放大，难免会导致一些食品加工企业为追求利益最大化而盲目降低成本。此外，食品行业门槛低，对于资金和技术方面的要求不高，小规模加工企业数量庞大，食品质量安全监管难题较多。

二、网购食品质量安全问题的本质原因分析

根据网购食品的特点，结合相关研究成果和收集的网购食品质量安全事件资料，本书总结归纳出 14 个引起网购食品质量安全问题的本质原因（见表 10-5）。

表 10-5　网购食品质量安全问题本质原因分析

本质原因	频数	占比
使用不合格原料（a1）	38	7.57%
添加有害投入品（a2）	16	3.19%
原料使用不当（a3）	20	3.98%
售假（a4）	102	20.32%
造假（a5）	92	18.33%
加工过程不规范（a6）	33	6.57%

本质原因	频数	占比
农资施用不当（a7）	7	1.39%
包装不当（a8）	84	16.73%
仓储不当（a9）	24	4.78%
运输不当（a10）	33	6.57%
卫生管理不规范（a11）	17	3.39%
虚假宣传（a12）	27	5.38%
检验不当（a13）	8	1.59%
自然环境污染（a14）	1	0.2%

上述数据显示，网购食品质量安全问题的本质原因主要是售假（a4-102）、造假（a5-92）、包装不当（a8-84）、使用不合格原料（a1-38）、加工过程不规范（a6-33）、运输不当（a10-33）等。其中，售假最为突出，占比约20.32%，主要表现为电商平台上的商家销售过期、变质食品，销售不符合食品安全法规定的食品；其次是造假，占比约为18.33%，主要表现为食品加工环节未经许可生产或者生产假冒的产品；另外，包装不当占比约为16.73%，主要表现为商家私自包装品牌食品销售等；使用不合格原料、加工过程不规范以及运输不当导致的网购食品质量安全问题也较为突出，占比分别为7.57%、6.57%、6.57%。

三、网购食品质量安全问题的关键控制点判别

通过对网购食品质量安全问题事件的供应链环节和本质原因进行交叉分析，得到网购食品质量安全 SC-RC 判别与定位矩阵（见表10-6）。结合上述对网购食品质量安全 SC-RC 判别与定位矩阵的两个维度的分析和对矩阵进行交叉分析，得到网购食品质量安全风险的关键控制点分别是：电商销售环节售假（A3-a4-102）、电商销售环节造假（A3-a5-76）、食品加工环节包装不当（A2-a8-53）、食品加工环节使用不合格原料（A2-a1-38）、食品加工环节加工过程不规范（A2-a6-33）、物流配送环节运输不当（A4-a10-33）。

表 10-6　网购食品质量安全 SC-RC 判别与定位矩阵

单位：个

本质原因	网购食品供应链环节					合计
	农产品生产环节（A1）	食品加工环节（A2）	电商销售环节（A3）	物流配送环节（A4）	消费环节（A5）	
使用不合格原料（a1）	—	38	—	—	—	38
添加有害投入（a2）	—	16	—	—	—	16
原料使用不当（a3）	—	20	—	—	—	20
售假（a4）	—	—	102	—	—	102
造假（a5）	—	16	76	—	—	92
加工过程不规（a6）	—	33	—	—	—	33
农资施用不当（a7）	7	—	—	—	—	7
包装不当（a8）	—	53	30	1	—	84
仓储不当（a9）	—	—	—	24	—	24
运输不当（a10）	—	—	—	33	—	33
卫生管理不规（a11）	—	17	—	—	—	17
虚假宣传（a12）	—	5	22	—	—	27
检验不当（a13）	—	—	8	—	—	8
自然环境污染（a14）	1	—	—	—	—	1
合计	8	198	238	58	—	502

1. 电商销售环节售假问题

在电商销售环节发生售假的网购食品质量安全事件有 102 个，占电商销售环节发生食品质量安全问题事件总数的 42.86%。电商平台上的商家销售过期、变质、假冒食品，明知所售食品不符合食品安全法的规定仍然进行销售，这说明商家售假违规成本低，对电商售假的监督还不到位，惩治力度不足。此外，消费者在网购食品供应链当中通常处于信息劣势的一方，仅能通过网购宣传、好评率等参考因素来选购食品，但这些因素对商家的约束力不足，导致电商销售环节售假问题突出。

2. 电商销售环节造假问题

在电商销售环节造假的网购食品质量安全事件有 76 个，占电商销售环节发生食品质量安全问题事件总数的 31.93%。电商销售环节的造假行为主要表现在平台商家或者平台自营店造假，以次充好，编造生产日期、产地等信息，未经品牌许可擅自销售，以及进口食品伪造入境信息、品牌等。造假问题主要是不良商贩追求短期利益的道德风险行为，政府相关部门应加强对电商平台的监管，加大对电商食品的抽检力度，对消费者的举报意见及时进行调查。

3. 食品加工环节包装不当问题

在食品加工环节因包装不当引起的网购食品质量安全事件有 53 个，占食品加工环节发生食品质量安全问题事件总数的 26.77%。网购食品包装不当主要表现为包装标签不符合规定，生产日期、保质期等信息缺失，包装上的内容不符合实际、包装材料不当、包装的材料简陋或破损问题等。我国食品包装行业以中小型企业数量居多，产品质量参差不齐，价格混乱。食品企业选购食品包装时把关不严，有时为了降低成本而购买低价劣质包装，这些行为无疑会影响网购食品的质量安全水平。

4. 食品加工环节使用不合格原料问题

在食品加工环节因原料不合格的原因导致的网购食品质量安全事件有 38 个，占食品加工环节发生食品质量安全问题事件总数的 19.19%。食品加工环节的原材料选取直接决定食品的质量安全，在食品加工环节出现劣质原材料的原因主要在于企业缺乏对检测能力的必要投入，检验原材料的设备差，检测项目不全或者检验过程不规范，致使对原材料把控不严。甚至有的食品加工企业为了追求利益，通过购买不合格原料以降低成本。因此，应加强原料把控和人员规范，加大对网购食品加工环节的监管力度。

5. 食品加工环节加工过程不规范问题

在食品加工环节因加工过程不规范导致的网购食品质量安全事件有 33 个，占食品加工环节发生食品质量安全问题事件总数的 16.67%。食品的加工过程会涉及原材料选取、加工工艺、人员管理等多个环节，加大了质量安全监管的难度。食品加工环节加工过程不规范主要表现在加工工艺未按照标准进行，使得生产出的食品不符合食品安全法的规定。由于车间人员技术水平差、操作失误导致的食品质量安全问题也时有发生。

6. 物流配送环节运输不当问题

物流配送环节因运输不当导致的网购食品质量安全事件有 33 个，占物流配送环节发生的食品质量安全问题事件总数的 56.90%。运输不当主要表现在运输环节没有按照网购食品对温湿度等方面的个性需求制定相应的运输方案，在运输过程中操作人员不按规范处理食品，由于外力撞击导致包装破损引起食品质量问题等。物流配送是连接网购食品线上线下的直接环节，尽管我国物流业发展迅猛，但损耗率高、操作不规范始终没有得到很好的解决。物流业的发展尤其是冷链物流的发展状况制约着网购食品的发展，影响着网购食品质量安全水平。企业应加强对物流设施设备的投入，加大物流新技术的研发和利用，规范员工的物流操作流程。同时，政府部门应继续加大对物流业的政策支持力度。

四、网购食品质量安全关键控制点的等级评价

本书的研究通过专家评价法对网购食品质量安全的 6 个关键控制点的风险影响等级和风险发生概率进行评分，得出相应的平均值，再通过 Borda 序值法计算得出每个关键控制点的 Borda 序值（见表 10-7）。根据表 10-7，网购食品质量安全的 6 个关键控制点的重要性排序依次是食品加工环节加工过程不规范、食品加工环节使用不合格原料、电商销售环节售假、电商销售环节造假、物流配送环节运输不当、食品加工环节包装不当。

表 10-7　风险矩阵评价结果

风险类别		风险发生概率			风险影响等级			风险级别	Borda 数	Borda 序值
环节	风险	概率	量化值	序值	等级	量化值	序值			
电商销售环节	售假	很可能	2.98	1	中度	2.7	3	中	8	2
电商销售环节	造假	很可能	2.39	4	中度	2.78	2	中	6	3
食品加工环节	包装不当	很可能	2.03	5	中度	2.02	5	中	2	5
食品加工环节	使用不合格原料	很可能	2.88	2	严重	3.25	0	中	10	1
食品加工环节	加工过程不规范	频繁	3.28	0	中度	2.88	1	高	11	0
物流配送环节	运输不当	很可能	2.48	3	中度	2.19	4	中	5	4

食品加工环节是电商销售的上游环节，其加工过程的规范性以及使用原

材料的好坏会直接影响消费者的身体健康，相应地带来的质量安全风险影响等级最大。相比传统食品市场，网购食品市场销售过程是通过网络交易完成的，网络自身的隐蔽性、虚拟性、复杂性的特征导致网购食品质量安全的有效监管难度大，使电商销售环节商家的机会主义行为更易于发生，从问题事件的数据分析中也可以看出电商销售环节发生的质量安全问题事件数量居首位，质量安全风险发生在电商销售环节的概率较大。因此，电商销售环节必须引起政府监管机构的足够重视。物流配送环节带来的质量安全风险影响和事件发生的概率相对较小，但在整个网购食品供应链中仍是一个重要的环节，造成运输不当的食品一般都是水果、蔬菜、牛奶等对冷链运输要求高的品类。近年来，生鲜电商的发展遇到的瓶颈之一就是冷链物流配送问题，由于物流配送是网购食品交易得以顺利完成的最后一环，是连接线上和线下的纽带，必须从根本上解决物流配送过程中存在的问题。

第四节　结论与建议

本书从网购食品供应链的角度探讨了网络购物市场迅速发展背景下的网购食品质量安全问题，从网购食品供应链环节和网购食品质量安全问题事件的本质原因两个维度构建了网购食品质量安全 SC-RC 判别与定位矩阵，对网购食品质量安全的关键控制点做了定位，并利用 Borda 序值法改进的风险矩阵对网购食品质量的关键控制点的重要性等级进行了排序。

本书的主要研究结论是：

第一，网络交易的虚拟性、隐蔽性、不确定性和复杂性特征，使网购食品的质量安全问题日益凸显，对网购食品市场加强规制可控制网购食品供给方的机会主义行为，降低市场交易成本。

第二，危害分析和关键控制点（HACCP）是有效的保障食品安全的管理方法，通过分析问题事件发生的环节和根本原因，找到网购食品质量安全问题发生的最为重要的环节节点，可增强治理对策的有效性和针对性。

第三，从网购食品的供应链环节来看，网购食品质量安全出现问题最多的环节主要是电商销售环节和食品加工环节。其中，电商销售环节发生的网购食品质量安全问题事件占总数的 44.50%，食品加工环节发生的网购食品质量安全问题事件占总数的 43.03%。

第四，网购食品质量安全问题的本质原因主要是售假、造假、包装不当、使用不合格原料、加工过程不规范、运输不当等。其中，售假最为突出，占比约 20.32%。

第五，交叉分析结果显示，网购食品质量安全风险的关键控制点主要是电商销售环节售假、电商销售环节造假、食品加工环节包装不当、食品加工环节使用不合格原料、食品加工环节加工过程不规范、物流配送环节运输不当。其重要性排序为食品加工环节加工过程不规范、食品加工环节使用不合格原料、电商销售环节售假、电商销售环节造假、物流配送环节运输不当、食品加工环节包装不当。

基于以上研究结论，本书提出如下建议：

（1）加强网购食品加工过程规范性治理，依靠政府监管和市场竞争机制的作用强化网购食品加工者的社会责任意识。加强网购食品质量安全风险信息交流，缓解网购食品质量安全信息不对称的状况，建立网购食品加工过程原材料选用、食品添加剂使用等标准化管理制度。

（2）加强电商平台商家准入资格的审核查验。不定期对电商平台商家及其销售食品的质量安全进行抽检，对商家无证经营、食品来源渠道不清不正规、食品缺少质量安全标识及证明等加大监管力度。

（3）加强电商平台自营食品的查验和监管。电商平台应担负评估供应商资质和能力的责任，对自营食品实施全过程质量安全管控机制，确保自营食品品质，减少自营食品质量安全风险隐患。

（4）加强对网购食品物流配送的政策扶持，对与网购食品物流配送密切相关的加工、储存、运输、包装等环节给予重点支持。对网购生鲜食品冷链物流配送，因其要求高、投入大，除政府积极加大投入外，还应鼓励大型食品企业、经济合作组织、物流配送公司等主体大力发展食品冷链物流配送。

第十一章　本书的主要研究结论和政策建议

第一节　研究结论

（1）农产品电子商务快速发展的同时，网购农产品和食品的质量安全问题越来越受到重视。政府和社会各界普遍关注农产品电子商务和食品网购的发展，学者们在该领域研究成果的发文量呈逐年上升趋势。该领域的研究热点主要体现在农产品及网购食品流通、农产品电子商务及网购食品发展对策、互联网+食品质量安全、生鲜电商、农产品上行与乡村振兴5个方面。研究趋势向着完善农产品电子商务与网购食品的基础设施、优化农产品电子商务模式和物流体系、构建电子商务服务体系以及农业供给侧结构性改革、乡村振兴等方面演化。

（2）国家对农业信息化发展的支持，为农产品电子商务发展奠定了良好的基础；国家出台的一系列政策措施，推动了农产品电子商务快速、健康发展。从1995年原农业部制定《农村经济信息体系建设"九五"计划和2010年规划》、启动"金农工程"开始，我国农村和农业信息化建设逐步得到加强，全国性农村综合信息服务平台、乡镇和行政村信息服务站、乡镇涉农信息库、涉农互联网站建设取得显著成效。在互联网技术和农业信息化建设快速发展的推动下，我国农产品电商市场的增长速度和交易规模快速上升，农产品电子商务经历了以展示农产品信息为主的信息平台建设阶段，以经营耐储藏、损耗小、易运输的农产品为主的耐储型农产品电子商务阶段和以品质消费、生鲜农产品为主的综合农产品电子商务阶段。

在发展过程中，2005年之前的政策主要围绕农村和农业信息化建设、食品流通网络建设、新型业态和流通方式培育；2006年开始在强调农村和农业信息化的同时，逐步提出发展物流配送、连锁超市、电子商务等现代流通方式，为农产品电子商务发展提供了政策保障。尤其是近年来实施的农产品现代流通综合示范区创建、农村流通设施和农产品批发市场信息化提升工程、

"快递下乡"工程、线上线下高效衔接的农产品交易模式、"互联网+"现代农业行动、数字乡村战略等措施、政策和发展战略,有力地推动了农产品电子商务的快速发展。

(3)我国农产品电子商务发展取得的成效和发展特征显著,也存在一些发展过程中的问题。我国农产品电子商务的发展,改善了农村地区的信息环境,带动了农村高效的物流体系建设,推动了农产品规模化生产,促使农民信息素质提高和知识结构优化。农产品电子商务优化了农业产业结构,对有效解决农业中广泛存在的小生产与大市场之间的矛盾发挥了重要作用。农产品电子商务使得生产环节必须具备快速响应需求变化的能力,按照消费需求组织生产,促使农村生产方式发生转变。农产品电子商务不仅增加了农民的收入,也改变了人们的农产品购买行为,网购农产品和食品在消费者购买决策中占据越来越高的比重。农产品电子商务发展过程中遇到的主要困难,突出表现在缺少资金和缺乏网络营销、技术人才,因而也迫切希望得到政府在资金补助上的支持,以解决资金需求很大、缺口很大的实际状况。此外,还希望得到政府在农产品电子商务推广、宣传,网络基础设施建设,人才培训,信息化、网络技术,帮助与第三方平台对接等方面的支持。

农产品电子商务架起了城市和农村、小生产和大市场之间的桥梁,使传统农业与现代技术深度融合。农产品电子商务交易服务模式彻底改变了传统购物的面对面沟通方式、一手交钱一手交货的付款方式与自带农产品回家的物流方式,使交易更加方便、快捷,交易规模快速上升,但农产品因其所具有的鲜活性和易腐性等特点,受制于冷链物流的发展状况和交易成本的约束,农产品交易的种类和数量仍然受到很大限制。

(4)农民组织化程度低、农业企业信息化水平不高、农户对农产品电子商务认识不足、农产品保鲜与物流发展不成熟等是制约农产品电子商务发展的直接因素。农产品质量安全标准体系建设滞后、农村信息化基础设施区域间不平衡、农村信息人才匮乏等是制约农产品电子商务发展的间接因素。生鲜食品电子商务发展,面临的主要问题是冷链物流短板、供应链脆弱、电商成本较高、基层建设推进较慢。

尽管生鲜农产品电子商务的快速发展带动了农产品冷链物流的发展,但是,从生鲜农产品电子商务发展本身对冷链物流的需求来看,建设覆盖生产、储存、运输及销售整个环节的冷链系统和全程"无断链"的冷链物流体系依然任重道远。小规模农户的生产经营特征、产品的品质多样性和质量的不统一，都是造成生鲜电商供应链脆弱性的主要原因。尽管存在生鲜农产品电商市场的巨大空间，但众多的生鲜电商企业处于亏损状态，亟待降本增效，也亟待从经营理念、技术人才、物流基础等基层着手推进生鲜农产品电子商务发展。

（5）农产品实现网购是对农产品传统消费渠道的有效补充，农产品电商和网购食品满足了消费者对交易的便利化和消费的个性化、多样化的需求，越来越多的消费者选择网购方式购买农产品和食品。消费者收入的增长、对网购农产品消费偏好的持续增强、网络信息化水平的提高、农产品冷链物流网络的快速发展、消费者生活方式的改变以及国家政策的支持，是近年来促进我国网购农产品消费的主要因素。网购农产品的价格波动、品质及标准化程度的差异、产地流通体系不健全、生产和消费的规模效益较差、从产地到销地的一体化冷链物流系统尚未形成，是当前制约我国网购农产品消费的主要因素。

从网购农产品消费趋势看，网购农产品将更加注重品牌和标准化，更加依赖信息化的发展，线上线下更加深度融合，与冷链物流的结合更加紧密。网购农产品消费决策不仅会考虑膳食结构的多元化和营养性，还会更加关注质量、安全等因素，推动网购农产品消费品质不断提升。网购农产品市场发展得益于信息化水平的提升，也将越来越依赖信息化的发展实现供给需求相衔接的匹配效率，降低产销的地域限制。农产品网购在快速发展的同时，也面临着市场渗透率低、用户黏性明显不足的问题，其主要原因在于单纯注重线上发展，容易忽视消费体验。为此，线上线下深度融合有助于通过场景创新、消费体验等方式影响消费者购买行为，满足及时性、个性化和多样化的消费需求。随着冷链物流体系的不断健全和发展，网购农产品品质和竞争力将不断提升，网购农产品消费与冷链物流的结合将愈加紧密，网购农产品消费量将不断提高。

（6）消费者个性特征的差异会导致对网购食品的不同态度，进而影响消费者对网购食品的选择行为。其中，消费者的年龄、月收入与消费者对网购食品的态度呈显著负相关。即食零食类、坚果类和糖果类食品是大多数消费者网购食品时选择的类别，粮油类及生鲜类食品多为 29~40 岁及以上消费者网购的选择。收入越高、受教育程度越高的消费者越倾向于通过网购满足多样化的食品需求，因而网购食品类别呈现出较均衡的状态。

良好的网购环境、物美价廉的食品和优质的网购服务是促使消费者选择网购食品的主要因素。消费者更看重网购食品配送的便捷性和已有的网购体验，希望在网络平台上买到物美价廉的个性化、多样化食品，并得到优质的网购服务以解决网购过程中遇到的问题。对网购食品安全的担忧、习惯于传统购物方式和网购维权的难度是抑制消费者选择网购食品的主要因素。网购的虚拟性、不确定性特征使消费者担忧网购食品出现各种类型的安全问题，传统购物方式所带来的消费体验亟待融入网购过程中，若网购维权困难不加解决，可能会放大消费者对网购食品产生的消极态度。

（7）大多数网购食品消费者遇到权利受损时会选择维权，男性消费者、高学历消费者和高收入消费者更倾向于采取"去管理部门投诉或法院起诉"的维权方式，"通过媒体或自媒体曝光"的维权方式也普遍被采用，年轻消费者群体对各种维权方式的响应程度都很高。网购食品消费者维权总体效果并不乐观，参与维权且得到解决的比例为三分之一左右。男性消费者对各项维权效果的响应程度普遍高于女性，但女性消费者的维权效果好于男性消费者。具有大学本科学历的消费者和低收入的消费者维权得到解决的比例较高，29~40岁的消费者解决问题的方式较其他消费者更恰当。"维权步骤烦琐，处理效率低，难以得到满意结果"和"维权意识不够，不知道有哪些具体方法，不明确自身权利"，是具有不同个性特征的消费者普遍认同的维权难点，消费者响应程度很高。

（8）综合电商平台的商家采取低成本、低价格竞争，容易导致时效差、损耗大，即使提升冷链配送标准和时效，最终也会增加消费者的购买成本，不利于增进购买频率和提高消费者黏性。社交电商平台的商家同质化竞争激烈，物流服务质量、食品安全问题及客户满意度是社交电商平台模式面临的主要困难。

采购型垂直生鲜电商模式通过在上游采用集中采购的方式，减少中间环节以降低成本，但供应链管理经验不足，在物流环节容易产生较高的损耗，并且缺乏用户积累，保鲜仓储投入压力也较大。食品供应商垂直生鲜电商模式极少会出现供应链问题，并且在生鲜食品仓储方面更具专业性，品牌效应较强。比较而言，物流配送是其最大的限制因素。

（9）网络交易的虚拟性、隐蔽性、不确定性和复杂性特征，使网购食品的质量安全问题日益凸显，对网购食品市场加强规制可控制网购食品供给方的机会主义行为，降低市场交易成本。危害分析和关键控制点（HACCP）是有效的保障食品安全的管理方法，通过分析问题事件发生的环节和根本原因，找到网购食品质量安全问题发生的最为重要的环节节点，可增强治理对策的有效性和针对性。

从网购食品的供应链环节来看，网购食品质量安全出现问题最多的环节主要是电商销售环节和食品加工环节。网购食品质量安全问题的本质原因主要是售假、造假、包装不当、使用不合格原料、加工过程不规范、运输不当等。网购食品质量安全风险的关键控制点主要是电商销售环节售假、电商销售环节造假、食品加工环节包装不当、食品加工环节使用不合格原料、食品加工环节加工过程不规范、物流配送环节运输不当，其重要性排序为食品加工环节加工过程不规范、食品加工环节使用不合格原料、电商销售环节售假、电商销售环节造假、物流配送环节运输不当、食品加工环节包装不当。

第二节　政策建议

第一，围绕研究热点和研究趋势的变化，以问题为导向，深化农产品电子商务和食品网购相关问题研究。应推动该研究领域形成关系紧密的合作研究群体和交流网络，密切结合国家战略和政策，以农业高质量发展过程中面临的实际问题为导向不断深化研究，密切关注农产品电商和网购食品的短板问题，加强农村电商产业的系统性研究。

第二，深化供给侧结构性改革，构建需求导向的现代农业生产体系。在推进农业供给侧改革的过程中，要围绕消费需求组织农业生产经营，构建需求导向的现代农业生产体系，增强农业生产体系适应需求、引导需求和创造需求的能力。支持新型农业经营主体发展，提高标准化、优质农产品供给。支持新型农业经营主体实施标准化、规范化生产，深化农业标准化在生产环节的应用，鼓励各地结合农业生产过程和农户生产实际，普及推广安全农产品生产操作规程，通过安全农产品生产示范基地建设，引导、规范农业生产行为，为消费市场提供标准化、有竞争力的农产品，解决优质农产品供给不足的问题。

第三，适应消费升级的需要，提升农产品质量和品牌水平。应坚持不懈地推进质量兴农，突出优质、安全、绿色导向，保障农产品质量安全水平，满足消费升级的需要。应逐步建立产品标识和基层档案制度，奠定农产品可追溯体系有效运行的基础，逐步构建覆盖农产品供应链全过程的质量安全可追溯体系和风险治理体系，提高农产品质量安全水平和消费者的认知度、信任度。大力发展农业农村信息化，构建现代农产品流通体系。紧紧围绕农产品电子商务和网购农产品消费的快速发展，做好农产品采集预冷、分等分级、包装仓储、冷链物流等基础设施建设，推动农产品标准化、品牌化发展，解决农产品流通"最先一公里"问题。促进线上线下深度融合，加强农产品物流骨干网络建设，大力支持冷链宅配、网点自提、便利店配送、社区直配等配送方式，打通农产品流通"最后一公里"渠道。

第四，加强网购食品多主体协同监管，明确生产经营者质量安全的主体责任和网购平台审慎检查的义务，广泛开展食品安全知识宣传，降低网购的虚拟性和不确定性带来的经济后果，消除消费者的怀疑和不放心态度。建立以消费者为中心的网购食品质量安全供应链管理体系，完善生鲜食品冷链物流配送体系，不断提升网购食品的市场渗透率和用户黏性，以高品质的网购食品市场满足消费者对交易的便利化和消费的个性化、多样化的需求。推动线上市场和线下实体店紧密结合、相互支撑，促进线上市场依托线下实体店增强体验、提升信任，促使线下企业通过线上市场拓宽渠道，实现线上线下协同融合。营造良好的网购环境，提供优质的网购服务，增加消费者的感知价值，满足不同个性特征的消费者的差异化需求，培养消费者的信任感和忠诚度。完善网购食品维权制度，简化消费者维权程序，畅通消费者维权渠道，降低消费者维权成本，进而增加用户黏性，适应消费升级的需要，加快网购食品市场转换发展动力。

第五，加强网购食品政府监管，优化消费者维权程序，畅通消费者维权渠道。针对网购食品不同于传统线下交易食品的特征，强化网购食品质量安全信息的真实、准确、及时披露，通过信息规制与规则规制的有效结合，加强网购食品政府监管。推进"放管服"改革，加强管理部门之间的沟通协调，简化网购食品消费者维权程序。充分利用网络交易平台、电子政务等信息化、大数据工具，搭建"互联网+"背景下网络维权新机制，畅通消费者维权渠道。积极推进网购食品标准体系建设，逐步健全完善网购食品法律法规，明确网购食品供应链各环节主体的责、权、利，尤其是网购食品经营者和电商平台的责任和义务。通过不断普及宣传消费者维权知识，推动消费者维权意识不断增强，主动关注网购食品质量安全等问题和风险，使消费者维权成为激发生产经营者诚信履约、促进网购食品市场环境改善的重要助推力。

第六，降低电商物流成本，可以增加日补货次数，因为每日补货一次的做法，容易增加缺货风险和缺货成本。适时根据需要增加日补货次数，不仅可以提高周转率，提高仓库利用率，降低仓储面积，还能降低缺货风险和缺货成本。在配送网点多、道路网复杂的情况下，更应注重配送路径优化，以减少配送成本和损耗成本，同时更有效地满足不同用户对时间窗的要求。可运用遗传算法等方法，结合大数据计算产品组合购买频率等因素，对前置仓库位进行合理规划，使其更符合工作流程，提高仓库利用率，减少搬运距离，降低配货成本。在条件成熟的时候，可根据用户需求和聚集度，积极推行多温度的配送服务和共同配送。

第七，加强网购食品加工过程规范性治理，依靠政府监管和市场竞争机制的作用强化网购食品加工者的社会责任意识。加强电商平台商家准入资格的审核查验，对商家无证经营、食品来源渠道不清不正规、食品缺少质量安全标识及证明等行为加强监管力度。加强电商平台自营食品的查验和监管，电商平台应担负评估供应商资质和能力的责任。加强对网购食品物流配送的政策扶持，鼓励大型食品企业、经济合作组织、物流配送公司等主体大力发展食品冷链物流配送，对与网购食品物流配送密切相关的加工、储存、运输、包装等环节给予重点支持。

附录　近年主要政策

国务院关于大力发展电子商务加快培育经济新动力的意见

国发〔2015〕24 号

各省、自治区、直辖市人民政府，国务院各部委、各直属机构：

近年来我国电子商务发展迅猛，不仅创造了新的消费需求，引发了新的投资热潮，开辟了就业增收新渠道，为大众创业、万众创新提供了新空间，而且电子商务正加速与制造业融合，推动服务业转型升级，催生新兴业态，成为提供公共产品、公共服务的新力量，成为经济发展新的原动力。与此同时，电子商务发展面临管理方式不适应、诚信体系不健全、市场秩序不规范等问题，亟须采取措施予以解决。当前，我国已进入全面建成小康社会的决定性阶段，为减少束缚电子商务发展的机制体制障碍，进一步发挥电子商务在培育经济新动力，打造"双引擎"、实现"双目标"等方面的重要作用，现提出以下意见：

一、指导思想、基本原则和主要目标

（一）指导思想。全面贯彻党的十八大和十八届二中、三中、四中全会精神，按照党中央、国务院决策部署，坚持依靠改革推动科学发展，主动适应和引领经济发展新常态，着力解决电子商务发展中的深层次矛盾和重大问题，大力推进政策创新、管理创新和服务创新，加快建立开放、规范、诚信、安全的电子商务发展环境，进一步激发电子商务创新动力、创造潜力、创业活力，加速推动经济结构战略性调整，实现经济提质增效升级。

（二）基本原则。一是积极推动。主动作为、支持发展。积极协调解决电子商务发展中的各种矛盾与问题。在政府资源开放、网络安全保障、投融资支持、基础设施和诚信体系建设等方面加大服务力度。推进电子商务企业税

费合理化，减轻企业负担。进一步释放电子商务发展潜力，提升电子商务创新发展水平。二是逐步规范。简政放权、放管结合。法无禁止的市场主体即可为，法未授权的政府部门不能为，最大限度减少对电子商务市场的行政干预。在放宽市场准入的同时，要在发展中逐步规范市场秩序，营造公平竞争的创业发展环境，进一步激发社会创业活力，拓宽电子商务创新发展领域。三是加强引导。把握趋势、因势利导。加强对电子商务发展中前瞻性、苗头性、倾向性问题的研究，及时在商业模式创新、关键技术研发、国际市场开拓等方面加大对企业的支持引导力度，引领电子商务向打造"双引擎"、实现"双目标"发展，进一步增强企业的创新动力，加速电子商务创新发展步伐。

（三）主要目标。到 2020 年，统一开放、竞争有序、诚信守法、安全可靠的电子商务大市场基本建成。电子商务与其他产业深度融合，成为促进创业、稳定就业、改善民生服务的重要平台，对工业化、信息化、城镇化、农业现代化同步发展起到关键性作用。

二、营造宽松发展环境

（四）降低准入门槛。全面清理电子商务领域现有前置审批事项，无法律法规依据的一律取消，严禁违法设定行政许可、增加行政许可条件和程序。（国务院审改办，有关部门按职责分工分别负责）进一步简化注册资本登记，深入推进电子商务领域由"先证后照"改为"先照后证"改革。（工商总局、中央编办）落实《注册资本登记制度改革方案》，放宽电子商务市场主体住所（经营场所）登记条件，完善相关管理措施。（省级人民政府）推进对快递企业设立非法人快递末端网点实施备案制管理。（邮政局）简化境内电子商务企业海外上市审批流程，鼓励电子商务领域的跨境人民币直接投资。（发展改革委、商务部、外汇局、证监会、人民银行）放开外商投资电子商务业务的外方持股比例限制。（工业和信息化部、发展改革委、商务部）探索建立能源、铁路、公共事业等行业电子商务服务的市场化机制。（有关部门按职责分工分别负责）

（五）合理降税减负。从事电子商务活动的企业，经认定为高新技术企业的，依法享受高新技术企业相关优惠政策，小微企业依法享受税收优惠政策。（科技部、财政部、税务总局）加快推进"营改增"，逐步将旅游电子商务、生活服务类电子商务等相关行业纳入"营改增"范围。（财政部、税务总局）

（六）加大金融服务支持。建立健全适应电子商务发展的多元化、多渠道投融资机制。（有关部门按职责分工分别负责）研究鼓励符合条件的互联网企业在境内上市等相关政策。（证监会）支持商业银行、担保存货管理机构及电子商务企业开展无形资产、动产质押等多种形式的融资服务。鼓励商业银行、商业保理机构、电子商务企业开展供应链金融、商业保理服务，进一步拓展电子商务企业融资渠道。（人民银行、商务部）引导和推动创业投资基金，加大对电子商务初创企业的支持。（发展改革委）

（七）维护公平竞争。规范电子商务市场竞争行为，促进建立开放、公平、健康的电子商务市场竞争秩序。研究制定电子商务产品质量监督管理办法，探索建立风险监测、网上抽查、源头追溯、属地查处的电子商务产品质量监督机制，完善部门间、区域间监管信息共享和职能衔接机制。依法打击网络虚假宣传、生产销售假冒伪劣产品、违反国家出口管制法规政策跨境销售两用品和技术、不正当竞争等违法行为，组织开展电子商务产品质量提升行动，促进合法、诚信经营。（工商总局、质检总局、公安部、商务部按职责分工分别负责）重点查处达成垄断协议和滥用市场支配地位的问题，通过经营者集中反垄断审查，防止排除、限制市场竞争的行为。（发展改革委、工商总局、商务部）加强电子商务领域知识产权保护，研究进一步加大网络商业方法领域发明专利保护力度。（工业和信息化部、商务部、海关总署、工商总局、新闻出版广电总局、知识产权局等部门按职责分工分别负责）进一步加大政府利用电子商务平台进行采购的力度。（财政部）各级政府部门不得通过行政命令指定为电子商务提供公共服务的供应商，不得滥用行政权力排除、限制电子商务的竞争。（有关部门按职责分工分别负责）

三、促进就业创业

（八）鼓励电子商务领域就业创业。把发展电子商务促进就业纳入各地就业发展规划和电子商务发展整体规划。建立电子商务就业和社会保障指标统计制度。经工商登记注册的网络商户从业人员，同等享受各项就业创业扶持政策。未进行工商登记注册的网络商户从业人员，可认定为灵活就业人员，享受灵活就业人员扶持政策，其中在网络平台实名注册、稳定经营且信誉良好的网络商户创业者，可按规定享受小额担保贷款及贴息政策。支持中小微企业应用电子商务、拓展业务领域，鼓励有条件的地区建设电子商务创业园区，指导各类创业孵化基地为电子商务创业人员提供场地支持和创业孵化服务。加强电子商务企业用工服务，完善电子商务人才供求信息对接机制。（人力资源社会保障部、工业和信息化部、商务部、统计局，地方各级人民政府）

（九）加强人才培养培训。支持学校、企业及社会组织合作办学，探索实训式电子商务人才培养与培训机制。推进国家电子商务专业技术人才知识更新工程，指导各类培训机构增加电子商务技能培训项目，支持电子商务企业开展岗前培训、技能提升培训和高技能人才培训，加快培养电子商务领域的高素质专门人才和技术技能人才。参加职业培训和职业技能鉴定的人员，以及组织职工培训的电子商务企业，可按规定享受职业培训补贴和职业技能鉴定补贴政策。鼓励有条件的职业院校、社会培训机构和电子商务企业开展网络创业培训。（人力资源社会保障部、商务部、教育部、财政部）

（十）保障从业人员劳动权益。规范电子商务企业特别是网络商户劳动用工，经工商登记注册取得营业执照的，应与招用的劳动者依法签订劳动合同；未进行工商登记注册的，也可参照劳动合同法相关规定与劳动者签订民事协议，明确双方的权利、责任和义务。按规定将网络从业人员纳入各项社会保险，对未进行工商登记注册的网络商户，其从业人员可按灵活就业人员参保缴费办法参加社会保险。符合条件的就业困难人员和高校毕业生，可享受灵活就业人员社会保险补贴政策。长期雇用5人及以上的网络商户，可在工商注册地进行社会保险登记，参加企业职工的各项社会保险。满足统筹地区社会保险优惠政策条件的网络商户，可享受社会保险优惠政策。（人力资源社会保障部）

四、推动转型升级

（十一）创新服务民生方式。积极拓展信息消费新渠道，创新移动电子商务应用，支持面向城乡居民社区提供日常消费、家政服务、远程缴费、健康医疗等商业和综合服务的电子商务平台发展。加快推动传统媒体与新兴媒体深度融合，提升文化企业网络服务能力，支持文化产品电子商务平台发展，规范网络文化市场。支持教育、会展、咨询、广告、餐饮、娱乐等服务企业深化电子商务应用。（有关部门按职责分工分别负责）鼓励支持旅游景点、酒店等开展线上营销，规范发展在线旅游预订市场，推动旅游在线服务模式创新。（旅游局、工商总局）加快建立全国 12315 互联网平台，完善网上交易在线投诉及售后维权机制，研究制定 7 天无理由退货实施细则，促进网络购物消费健康快速发展。（工商总局）

（十二）推动传统商贸流通企业发展电子商务。鼓励有条件的大型零售企业开办网上商城，积极利用移动互联网、地理位置服务、大数据等信息技术提升流通效率和服务质量。支持中小零售企业与电子商务平台优势互补，加强服务资源整合，促进线上交易与线下交易融合互动。（商务部）推动各类专业市场建设网上市场，通过线上线下融合，加速向网络化市场转型，研究完善能源、化工、钢铁、林业等行业电子商务平台规范发展的相关措施。（有关部门按职责分工分别负责）制定完善互联网食品药品经营监督管理办法，规范食品、保健食品、药品、化妆品、医疗器械网络经营行为，加强互联网食品药品市场监测监管体系建设，推动医药电子商务发展。（食品药品监管总局、卫生计生委、商务部）

（十三）积极发展农村电子商务。加强互联网与农业农村融合发展，引入产业链、价值链、供应链等现代管理理念和方式，研究制定促进农村电子商务发展的意见，出台支持政策措施。（商务部、农业部）加强鲜活农产品标准体系、动植物检疫体系、安全追溯体系、质量保障与安全监管体系建设，大力发展农产品冷链基础设施。（质检总局、发展改革委、商务部、农业部、食品药品监管总局）开展电子商务进农村综合示范，推动信息进村入户，利用"万村千乡"市场网络改善农村地区电子商务服务环境。（商务部、农业部）建设地理标志产品技术标准体系和产品质量保证体系，支持利用电子商务平台宣传和销售地理标志产品，鼓励电子商务平台服务"一村一品"，促进品牌农产品走出去。鼓励农业生产资料企业发展电子商务。（农业部、质检总局、工商总局）支持林业电子商务发展，逐步建立林产品交易诚信体系、林产品和林权交易服务体系。（林业局）

（十四）创新工业生产组织方式。支持生产制造企业深化物联网、云计算、大数据、三维（3D）设计及打印等信息技术在生产制造各环节的应用，建立与客户电子商务系统对接的网络制造管理系统，提高加工订单的响应速度及柔性制造能力；面向网络消费者个性化需求，建立网络化经营管理模式，发展"以销定产"及"个性化定制"生产方式。（工业和信息化部、科技部、商务部）鼓励电子商务企业大力开展品牌经营，优化配置研发、设计、生产、物流等优势资源，满足网络消费者需求。（商务部、工商总局、质检总局）鼓励创意服务，探索建立生产性创新服务平台，面向初创企业及创意群体提供设计、测试、生产、融资、运营等创新创业服务。（工业和信息化部、科技部）

（十五）推广金融服务新工具。建设完善移动金融安全可信公共服务平台，制定相关应用服务的政策措施，推动金融机构、电信运营商、银行卡清算机构、支付机构、电子商务企业等加强合作，实现移动金融在电子商务领域的规模化应用；推广应用具有硬件数字证书、采用国家密码行政主管部门规定算法的移动智能终端，保障移动电子商务交易的安全性和真实性；制定在线支付标准规范和制度，提升电子商务在线支付的安全性，满足电子商务交易及公共服务领域金融服务需求；鼓励商业银行与电子商务企业开展多元化金融服务合作，提升电子商务服务质量和效率。（人民银行、密码局、国家标准委）

（十六）规范网络化金融服务新产品。鼓励证券、保险、公募基金等企业和机构依法进行网络化创新，完善互联网保险产品审核和信息披露制度，探索建立适应互联网证券、保险、公募基金产品销售等互联网金融活动的新型监管方式。（人民银行、证监会、保监会）规范保险业电子商务平台建设，研究制定电子商务涉及的信用保证保险的相关扶持政策，鼓励发展小微企业信贷信用保险、个人消费履约保证保险等新业务，扩大信用保险保单融资范围。完善在线旅游服务企业投保办法。（保监会、银监会、旅游局按职责分工分别负责）

五、完善物流基础设施

（十七）支持物流配送终端及智慧物流平台建设。推动跨地区跨行业的智慧物流信息平台建设，鼓励在法律规定范围内发展共同配送等物流配送组织新模式。（交通运输部、商务部、邮政局、发展改革委）支持物流（快递）配送站、智能快件箱等物流设施建设，鼓励社区物业、村级信息服务站（点）、便利店等提供快件派送服务。支持快递服务网络向农村地区延伸。（地方各级人民政府，商务部、邮政局、农业部按职责分工分别负责）推进电子商务与物流快递协同发展。（财政部、商务部、邮政局）鼓励学校、快递企业、第三方主体因地制宜加强合作，通过设置智能快件箱或快件收发室、委托校园邮政局所代为投递、建立共同配送站点等方式，促进快递进校园。（地方各级人民政府，邮政局、商务部、教育部）根据执法需求，研究推动被监管人员生活物资电子商务和智能配送。（司法部）有条件的城市应将配套建设物流（快递）配送站、智能终端设施纳入城市社区发展规划，鼓励电子商务企业和物流（快递）企业对网络购物商品包装物进行回收和循环利用。（有关部门按职责分工分别负责）

（十八）规范物流配送车辆管理。各地区要按照有关规定，推动城市配送车辆的标准化、专业化发展；制定并实施城市配送用汽车、电动三轮车等车辆管理办法，强化城市配送运力需求管理，保障配送车辆的便利通行；鼓励采用清洁能源车辆开展物流（快递）配送业务，支持充电、加气等设施建设；合理规划物流（快递）配送车辆通行路线和货物装卸搬运地点。对物流（快递）配送车辆采取通行证管理的城市，应明确管理部门、公开准入条件、引入社会监督。（地方各级人民政府）

（十九）合理布局物流仓储设施。完善仓储建设标准体系，鼓励现代化仓储设施建设，加强偏远地区仓储设施建设。（住房城乡建设部、公安部、发展改革委、商务部、林业局）各地区要在城乡规划中合理规划布局物流仓储用地，在土地利用总体规划和年度供地计划中合理安排仓储建设用地，引导社会资本进行仓储设施投资建设或再利用，严禁擅自改变物流仓储用地性质。（地方各级人民政府）鼓励物流（快递）企业发展"仓配一体化"服务。（商务部、邮政局）

六、提升对外开放水平

（二十）加强电子商务国际合作。积极发起或参与多双边或区域关于电子商务规则的谈判和交流合作，研究建立我国与国际认可组织的互认机制，依托我国认证认可制度和体系，完善电子商务企业和商品的合格评定机制，提升国际组织和机构对我国电子商务企业和商品认证结果的认可程度，力争国际电子商务规制制定的主动权和跨境电子商务发展的话语权。（商务部、质检总局）

（二十一）提升跨境电子商务通关效率。积极推进跨境电子商务通关、检验检疫、结汇、缴进口税等关键环节"单一窗口"综合服务体系建设，简化与完善跨境电子商务货物返修与退运通关流程，提高通关效率。（海关总署、财政部、税务总局、质检总局、外汇局）探索建立跨境电子商务货物负面清单、风险监测制度，完善跨境电子商务货物通关与检验检疫监管模式，建立跨境电子商务及相关物流企业诚信分类管理制度，防止疫病疫情传入、外来有害生物入侵和物种资源流失。（海关总署、质检总局按职责分工分别负责）大力支持中国（杭州）跨境电子商务综合试验区先行先试，尽快形成可复制、可推广的经验，加快在全国范围推广。（商务部、发展改革委）

（二十二）推动电子商务走出去。抓紧研究制定促进跨境电子商务发展的指导意见。（商务部、发展改革委、海关总署、工业和信息化部、财政部、人民银行、税务总局、工商总局、质检总局、外汇局）鼓励国家政策性银行在业务范围内加大对电子商务企业境外投资并购的贷款支持，研究制定针对电子商务企业境外上市的规范管理政策。（人民银行、证监会、商务部、发展改革委、工业和信息化部）简化电子商务企业境外直接投资外汇登记手续，拓宽其境外直接投资外汇登记及变更登记业务办理渠道。（外汇局）支持电子商务企业建立海外营销渠道，创立自有品牌。各驻外机构应加大对电子商务企业走出去的服务力度。进一步开放面向港澳台地区的电子商务市场，推动设立海峡两岸电子商务经济合作实验区。鼓励发展面向"一带一路"沿线国家的电子商务合作，扩大跨境电子商务综合试点，建立政府、企业、专家等各个层面的对话机制，发起和主导电子商务多边合作。（有关部门按职责分工分别负责）

七、构筑安全保障防线

（二十三）保障电子商务网络安全。电子商务企业要按照国家信息安全等级保护管理规范和技术标准相关要求，采用安全可控的信息设备和网络安全产品，建设完善网络安全防护体系、数据资源安全管理体系和网络安全应急处置体系，鼓励电子商务企业获得信息安全管理体系认证，提高自身信息安全管理水平。鼓励电子商务企业加强与网络安全专业服务机构、相关管理部门的合作，共享网络安全威胁预警信息，消除网络安全隐患，共同防范网络攻击破坏、窃取公民个人信息等违法犯罪活动。（公安部、国家认监委、工业和信息化部、密码局）

（二十四）确保电子商务交易安全。研究制定电子商务交易安全管理制度，明确电子商务交易各方的安全责任和义务。（工商总局、工业和信息化部、公安部）建立电子认证信任体系，促进电子认证机构数字证书交叉互认和数字证书应用的互联互通，推广数字证书在电子商务交易领域的应用。建立电子合同等电子交易凭证的规范管理机制，确保网络交易各方的合法权益。加强电子商务交易各方信息保护，保障电子商务消费者个人信息安全。（工业和信息化部、工商总局、密码局等有关部门按职责分工分别负责）

（二十五）预防和打击电子商务领域违法犯罪。电子商务企业要切实履行违禁品信息巡查清理、交易记录及日志留存、违法犯罪线索报告等责任和义务，加强对销售管制商品网络商户的资格审查和对异常交易、非法交易的监控，防范电子商务在线支付给违法犯罪活动提供洗钱等便利，并为打击网络违法犯罪提供技术支持。加强电子商务企业与相关管理部门的协作配合，建立跨机构合作机制，加大对制售假冒伪劣商品、网络盗窃、网络诈骗、网上非法交易等违法犯罪活动的打击力度。（公安部、工商总局、人民银行、银监会、工业和信息化部、商务部等有关部门按职责分工分别负责）

八、健全支撑体系

（二十六）健全法规标准体系。加快推进电子商务法立法进程，研究制定或适时修订相关法规，明确电子票据、电子合同、电子检验检疫报告和证书、各类电子交易凭证等的法律效力，作为处理相关业务的合法凭证。（有关部门按职责分工分别负责）制定适合电子商务特点的投诉管理制度，制定基于统一产品编码的电子商务交易产品质量信息发布规范，建立电子商务纠纷解决和产品质量担保责任机制。（工商总局、质检总局等部门按职责分工分别负责）逐步推行电子发票和电子会计档案，完善相关技术标准和规章制度。（税务总局、财政部、档案局、国家标准委）建立完善电子商务统计制度，扩大电子商务统计的覆盖面，增强统计的及时性、真实性。（统计局、商务部）统一线上线下的商品编码标识，完善电子商务标准规范体系，研究电子商务基础性关键标准，积极主导和参与制定电子商务国际标准。（国家标准委、商务部）

（二十七）加强信用体系建设。建立健全电子商务信用信息管理制度，推动电子商务企业信用信息公开。推进人口、法人、商标和产品质量等信息资源向电子商务企业和信用服务机构开放，逐步降低查询及利用成本。（工商总局、商务部、公安部、质检总局等部门按职责分工分别负责）促进电子商务信用信息与社会其他领域相关信息的交换共享，推动电子商务信用评价，建立健全电子商务领域失信行为联合惩戒机制。（发展改革委、人民银行、工商总局、质检总局、商务部）推动电子商务领域应用网络身份证，完善网店实名制，鼓励发展社会化的电子商务网站可信认证服务。（公安部、工商总局、质检总局）发展电子商务可信交易保障公共服务，完善电子商务信用服务保障制度，推动信用调查、信用评估、信用担保等第三方信用服务和产品在电子商务中的推广应用。（工商总局、质检总局）

（二十八）强化科技与教育支撑。开展电子商务基础理论、发展规律研究。加强电子商务领域云计算、大数据、物联网、智能交易等核心关键技术研究开发。实施网络定制服务、网络平台服务、网络交易服务、网络贸易服务、网络交易保障服务技术研发与应用示范工程。强化产学研结合的企业技术中心、工程技术中心、重点实验室建设。鼓励企业组建产学研协同创新联盟。探索建立电子商务学科体系，引导高等院校加强电子商务学科建设和人才培养，为电子商务发展提供更多的高层次复合型专门人才。（科技部、教育部、发展改革委、商务部）建立预防网络诈骗、保障交易安全、保护个人信息等相关知识的宣传与服务机制。（公安部、工商总局、质检总局）

（二十九）协调推动区域电子商务发展。各地区要把电子商务列入经济与社会发展规划，按照国家有关区域发展规划和对外经贸合作战略，立足城市产业发展特点和优势，引导各类电子商务业态和功能聚集，推动电子商务产业统筹协调、错位发展。推动国家电子商务示范城市、示范基地建设。（有关地方人民政府）依托国家电子商务示范城市，加快开展电子商务法规政策创新和试点示范工作，为国家制定电子商务相关法规和政策提供实践依据。加强对中西部和东北地区电子商务示范城市的支持与指导。（发展改革委、财政部、商务部、人民银行、海关总署、税务总局、工商总局、质检总局等部门按照职责分工分别负责）

各地区、各部门要认真落实本意见提出的各项任务，于 2015 年底前研究出台具体政策。发展改革委、中央网信办、商务部、工业和信息化部、财政部、人力资源社会保障部、人民银行、海关总署、税务总局、工商总局、质检总局等部门要完善电子商务跨部门协调工作机制，研究重大问题，加强指导和服务。有关社会机构要充分发挥自身监督作用，推动行业自律和服务创新。相关部门、社团组织及企业要解放思想，转变观念，密切协作，开拓创新，共同推动建立规范有序、社会共治、辐射全球的电子商务大市场，促进经济平稳健康发展。

国务院

2015 年 5 月 4 日

国务院办公厅关于加快发展冷链物流保障食品安全促进消费升级的意见

国办发〔2017〕29 号

各省、自治区、直辖市人民政府，国务院各部委、各直属机构：

随着我国经济社会发展和人民群众生活水平不断提高，冷链物流需求日趋旺盛，市场规模不断扩大，冷链物流行业实现了较快发展。但由于起步较晚、基础薄弱，冷链物流行业还存在标准体系不完善、基础设施相对落后、专业化水平不高、有效监管不足等问题。为推动冷链物流行业健康规范发展，保障生鲜农产品和食品消费安全，根据食品安全法、农产品质量安全法和《物流业发展中长期规划（2014—2020 年）》等，经国务院同意，提出以下意见。

一、总体要求

（一）指导思想。全面贯彻党的十八大和十八届三中、四中、五中、六中全会精神，深入贯彻习近平总书记系列重要讲话精神，认真落实党中央、国务院决策部署，紧紧围绕统筹推进"五位一体"总体布局和协调推进"四个全面"战略布局，牢固树立和贯彻落实创新、协调、绿色、开放、共享的发展理念，深入推进供给侧结构性改革，充分发挥市场在资源配置中的决定性作用，以体制机制创新为动力，以先进技术和管理手段应用为支撑，以规范有效监管为保障，着力构建符合我国国情的"全链条、网络化、严标准、可追溯、新模式、高效率"的现代化冷链物流体系，满足居民消费升级需要，促进农民增收，保障食品消费安全。

（二）基本原则。

市场为主，政府引导。强化企业市场主体地位，激发市场活力和企业创新动力。发挥政府部门在规划、标准、政策等方面的引导、扶持和监管作用，为冷链物流行业发展创造良好环境。

问题导向，补齐短板。聚焦农产品产地"最先一公里"和城市配送"最后一公里"等突出问题，抓两头、带中间，因地制宜、分类指导，形成贯通

一、二、三产业的冷链物流产业体系。

创新驱动，提高效率。大力推广现代冷链物流理念，深入推进大众创业、万众创新，鼓励企业利用现代信息手段，创新经营模式，发展供应链等新型产业组织形态，全面提高冷链物流行业运行效率和服务水平。

完善标准，规范发展。加快完善冷链物流标准和服务规范体系，制修订一批冷链物流强制性标准。加强守信联合激励和失信联合惩戒，推动企业优胜劣汰，促进行业健康有序发展。

（三）发展目标。到 2020 年，初步形成布局合理、覆盖广泛、衔接顺畅的冷链基础设施网络，基本建立"全程温控、标准健全、绿色安全、应用广泛"的冷链物流服务体系，培育一批具有核心竞争力、综合服务能力强的冷链物流企业，冷链物流信息化、标准化水平大幅提升，普遍实现冷链服务全程可视、可追溯，生鲜农产品和易腐食品冷链流通率、冷藏运输率显著提高，腐损率明显降低，食品质量安全得到有效保障。

二、健全冷链物流标准和服务规范体系

按照科学合理、便于操作的原则系统梳理和修订完善现行冷链物流各类标准，加强不同标准间以及与国际标准的衔接，科学确定冷藏温度带标准，形成覆盖全链条的冷链物流技术标准和温度控制要求。依据食品安全法、农产品质量安全法和标准化法，率先研究制定对鲜肉、水产品、乳及乳制品、冷冻食品等易腐食品温度控制的强制性标准并尽快实施。（国家卫生计生委、食品药品监管总局、农业部、国家标准委、国家发展改革委、商务部、国家邮政局负责）积极发挥行业协会和骨干龙头企业作用，大力发展团体标准，并将部分具有推广价值的标准上升为国家或行业标准。鼓励大型商贸流通、农产品加工等企业制定高于国家和行业标准的企业标准。（国家标准委、商务部、国家发展改革委、国家卫生计生委、工业和信息化部、国家邮政局负责）研究发布冷藏运输车辆温度监测装置技术标准和检验方法，在相关国家标准修订中明确冷藏运输车辆温度监测装置要求，为冷藏运输车辆的温度监测性能评测和检验提供依据。（工业和信息化部、交通运输部负责）针对重要管理环节研究建立冷链物流服务管理规范。建立冷链物流全程温度记录制度，相关记录保存时间要超过产品保质期六个月以上。（食品药品监管总局、国家卫生计生委、农业部负责）组织开展冷链物流企业标准化示范工程，加强冷链

物流标准宣传和推广实施。(国家标准委、相关行业协会负责)

三、完善冷链物流基础设施网络

加强对冷链物流基础设施建设的统筹规划，逐步构建覆盖全国主要产地和消费地的冷链物流基础设施网络。鼓励农产品产地和部分田头市场建设规模适度的预冷、贮藏保鲜等初加工冷链设施，加强先进冷链设备应用，加快补齐农产品产地"最先一公里"短板。鼓励全国性、区域性农产品批发市场建设冷藏冷冻、流通加工冷链设施。在重要物流节点和大中型城市改造升级或适度新建一批冷链物流园区，推动冷链物流行业集聚发展。加强面向城市消费的低温加工处理中心和冷链配送设施建设，发展城市"最后一公里"低温配送。健全冷链物流标准化设施设备和监控设施体系，鼓励适应市场需求的冷藏库、产地冷库、流通型冷库建设，推广应用多温层冷藏车等设施设备。鼓励大型食品生产经营企业和连锁经营企业建设完善停靠接卸冷链设施，鼓励商场超市等零售终端网点配备冷链设备，推广使用冷藏箱等便利化、标准化冷链运输单元。(国家发展改革委、财政部、商务部、交通运输部、农业部、食品药品监管总局、国家邮政局、国家标准委按职责分工负责)

四、鼓励冷链物流企业经营创新

大力推广先进的冷链物流理念与技术，加快培育一批技术先进、运作规范、核心竞争力强的专业化规模化冷链物流企业。鼓励有条件的冷链物流企业与农产品生产、加工、流通企业加强基础设施、生产能力、设计研发等方面的资源共享，优化冷链流通组织，推动冷链物流服务由基础服务向增值服务延伸。(国家发展改革委、交通运输部、农业部、商务部、国家邮政局负责)鼓励连锁经营企业、大型批发企业和冷链物流企业利用自有设施提供社会化的冷链物流服务，开展冷链共同配送、"生鲜电商+冷链宅配"、"中央厨房+食材冷链配送"等经营模式创新，完善相关技术、标准和设施，提高城市冷链配送集约化、现代化水平。(国家发展改革委、商务部、食品药品监管总局、国家邮政局、国家标准委负责)鼓励冷链物流平台企业充分发挥资源整合优势，与小微企业、农业合作社等深度合作，为小型市场主体创业创新创造条件。(国家发展改革委、商务部、供销合作总社负责)充分发挥铁路长距离、大规模运输和航空快捷运输的优势，与公路冷链物流形成互补协同的发

展格局。积极支持中欧班列开展国际冷链运输业务。（相关省级人民政府，国家铁路局、中国民航局、中国铁路总公司负责）

五、提升冷链物流信息化水平

鼓励企业加强卫星定位、物联网、移动互联等先进信息技术应用，按照规范化标准化要求配备车辆定位跟踪以及全程温度自动监测、记录和控制系统，积极使用仓储管理、运输管理、订单管理等信息化管理系统，按照冷链物流全程温控和高时效性要求，整合各作业环节。鼓励相关企业建立冷链物流数据信息收集、处理和发布系统，逐步实现冷链物流全过程的信息化、数据化、透明化、可视化，加强对冷链物流大数据的分析和利用。大力发展"互联网+"冷链物流，整合产品、冷库、冷藏运输车辆等资源，构建"产品+冷链设施+服务"信息平台，实现市场需求和冷链资源之间的高效匹配对接，提高冷链资源综合利用率。推动构建全国性、区域性冷链物流公共信息服务和质量安全追溯平台，并逐步与国家交通运输物流公共信息平台对接，促进区域间、政企间、企业间的数据交换和信息共享。（国家发展改革委、交通运输部、商务部、农业部、工业和信息化部负责）

六、加快冷链物流技术装备创新和应用

加强生鲜农产品、易腐食品物流品质劣变和腐损的生物学原理及其与物流环境之间耦合效应等基础性研究，夯实冷链物流发展的科技基础。鼓励企业向国际低能耗标准看齐，利用绿色、环境友好的自然工质，使用安全环保节能的制冷剂和制冷工艺，发展新型蓄冷材料，采用先进的节能和蓄能设备。（科技部、工业和信息化部负责）加大科技创新力度，加强对延缓产品品质劣变和减少腐损的核心技术工艺、绿色防腐技术与产品、新型保鲜减震包装材料、移动式等新型分级预冷装置、多温区陈列销售设备、大容量冷却冷冻机械、节能环保多温层冷链运输工具等的自主研发。（科技部负责）冷链物流企业要从正规厂商采购或租赁标准化、专业化的设施设备和运输工具。加速淘汰不规范、高能耗的冷库和冷藏运输车辆，取缔非法改装的冷藏运输车辆。鼓励第三方认证机构从运行状况、能效水平、绿色环保等方面对冷链物流设施设备开展认证。结合冷链物流行业发展趋势，积极推动冷链物流设施和技术装备标准化，提高冷藏运输车辆专业化、轻量化水平，推广标准冷藏集装

箱，促进冷链物流各作业环节以及不同交通方式间的有序衔接。（交通运输部、商务部、工业和信息化部、中国民航局、国家铁路局、国家邮政局、中国铁路总公司按职责分工负责）

七、加大行业监管力度

有关部门要依据相关法律法规、强制性标准和操作规范，健全冷链物流监管体系，在生产和贮藏环节重点监督保质期、温度控制等，在销售终端重点监督冷藏、冷冻设施和贮存温度控制等，探索建立对运输环节制冷和温控记录设备合规合法使用的监管机制，将从源头至终端的冷链物流全链条纳入监管范围。加强对冷链各环节温控记录和产品品质的监督和不定期抽查。（食品药品监管总局、质检总局、交通运输部、农业部负责）研究将配备温度监测装置作为冷藏运输车辆出厂的强制性要求，在车辆进入营运市场、年度审验等环节加强监督管理。（工业和信息化部、交通运输部按职责分工负责）充分发挥行业协会、第三方征信机构和各类现有信息平台的作用，完善冷链物流企业服务评价和信用评价体系，并研究将全程温控情况等技术性指标纳入信用评价体系。各有关部门要根据监管职责建立冷链物流企业信用记录，并加强信用信息共享和应用，将企业信用信息归集至全国信用信息共享平台，通过"信用中国"网站和国家企业信用信息公示系统依法向社会及时公开。探索对严重违法失信企业开展联合惩戒。（国家发展改革委、交通运输部、商务部、民政部、食品药品监管总局、质检总局、工商总局、国家邮政局等按职责分工负责）

八、创新管理体制机制

国务院各有关部门要系统梳理冷链物流领域相关管理规定和政策法规，按照简政放权、放管结合、优化服务的要求，在确保行业有序发展、市场规范运行的基础上，进一步简化冷链物流企业设立和开展业务的行政审批事项办理程序，加快推行"五证合一、一照一码"、"先照后证"和承诺制，加快实现不同区域、不同领域之间管理规定的协调统一，加快建设开放统一的全国性冷链物流市场。地方各级人民政府要加强组织领导，强化部门间信息互通和协同联动，统筹抓好涉及本区域的相关管理规定清理等工作。结合冷链产品特点，积极推进国际贸易"单一窗口"建设，优化查验流程，提高通关效率。利用信息化手段完善现有监管方式，发挥大数据在冷链物流监管体系建设运行中的作用，通过数据收集、分析和管理完善事中事后监管。（各省级人民政府，国家发展改革委、交通运输部、公安部、商务部、食品药品监管总局、国家卫生计生委、工商总局、海关总署、质检总局、国家邮政局、中国民航局、国家铁路局按职责分工负责）

九、完善政策支持体系

要加强调查研究和政策协调衔接，加大对冷链物流理念和重要性的宣传力度，提高公众对全程冷链生鲜农产品质量的认知度。（国家发展改革委、农业部、商务部、食品药品监管总局、国家卫生计生委负责）拓宽冷链物流企业的投融资渠道，引导金融机构对符合条件的冷链物流企业加大投融资支持，创新配套金融服务。（人民银行、银监会、证监会、保监会、国家开发银行负责）大中型城市要根据冷链物流等设施的用地需求，分级做好物流基础设施的布局规划，并与城市总体规划、土地利用总体规划做好衔接。永久性农产品产地预冷设施用地按建设用地管理，在用地安排上给予积极支持。（国土资源部、住房城乡建设部负责）针对制约冷链物流行业发展的突出短板，探索鼓励社会资本通过设立产业发展基金等多种方式参与投资建设。（国家发展改革委、商务部、农业部负责）冷链物流企业用水、用电、用气价格与工业同价。（国家发展改革委负责）加强城市配送冷藏运输车辆的标识管理。（交通运输部、商务部负责）指导完善和优化城市配送冷藏运输车辆的通行和停靠管理措施。（公安部、交通运输部、商务部负责）继续执行鲜活农产品"绿色通道"政策。（交通运输部、国家发展改革委负责）对技术先进、管理规范、运行高效的冷链物流园区优先考虑列入示范物流园区，发挥示范引领作用。（国家发展改革委、国土资源部、住房城乡建设部负责）加强冷链物流人才培养，支持高等学校设置冷链物流相关专业和课程，发展职业教育和继续教育，形成多层次的教育、培训体系。（教育部负责）

十、加强组织领导

各地区、各有关部门要充分认识冷链物流对保障食品质量安全、促进农民增收、推动相关产业发展、促进居民消费升级的重要作用，加强对冷链物流行业的指导、管理和服务，把推动冷链物流行业发展作为稳增长、促消费、

惠民生的一项重要工作抓紧抓好。国家发展改革委要会同有关部门建立工作
协调机制，及时研究解决冷链物流发展中的突出矛盾和重大问题，加强业务
指导和督促检查，确保各项政策措施的贯彻落实。

国务院办公厅

2017 年 4 月 13 日

国务院办公厅关于推进电子商务与快递物流协同发展的意见

国办发〔2018〕1号

各省、自治区、直辖市人民政府，国务院各部委、各直属机构：

近年来，我国电子商务与快递物流协同发展不断加深，推进了快递物流转型升级、提质增效，促进了电子商务快速发展。但是，电子商务与快递物流协同发展仍面临政策法规体系不完善、发展不协调、衔接不顺畅等问题。为全面贯彻党的十九大精神，深入贯彻落实习近平新时代中国特色社会主义思想，落实新发展理念，深入实施"互联网+流通"行动计划，提高电子商务与快递物流协同发展水平，经国务院同意，现提出以下意见。

一、强化制度创新，优化协同发展政策法规环境

（一）深化"放管服"改革。简化快递业务经营许可程序，改革快递企业年度报告制度，实施快递末端网点备案管理。优化完善快递业务经营许可管理信息系统，实现许可备案事项网上统一办理。加强事中事后监管，全面推行"双随机、一公开"监管。（国家邮政局负责）

（二）创新产业支持政策。创新价格监管方式，引导电子商务平台逐步实现商品定价与快递服务定价相分离，促进快递企业发展面向消费者的增值服务。（国家发展改革委、商务部、国家邮政局负责）创新公共服务设施管理方式，明确智能快件箱、快递末端综合服务场所的公共属性，为专业化、公共化、平台化、集约化的快递末端网点提供用地保障等配套政策。（国土资源部、住房城乡建设部、国家邮政局负责）

（三）健全企业间数据共享制度。完善电子商务与快递物流数据保护、开放共享规则，建立数据中断等风险评估、提前通知和事先报告制度。在确保消费者个人信息安全的前提下，鼓励和引导电子商务平台与快递物流企业之间开展数据交换共享，共同提升配送效率。（商务部、国家邮政局会同相关部门负责）

（四）健全协同共治管理模式。发挥行业协会自律作用，推动出台行业自

律公约，强化企业主体责任，鼓励签署自律承诺书，促进行业健康发展。引导电子商务、物流和快递等平台型企业健全平台服务协议、交易规则和信用评价制度，切实维护公平竞争秩序，保护消费者权益；鼓励开放数据、技术等资源，赋能上下游中小微企业，实现行业间、企业间开放合作、互利共赢。（商务部、交通运输部、国家邮政局会同相关部门负责）

二、强化规划引领，完善电子商务快递物流基础设施

（五）加强规划协同引领。综合考虑地域区位、功能定位、发展水平等因素，统筹规划电子商务与快递物流发展。针对电子商务全渠道、多平台、线上线下融合等特点，科学引导快递物流基础设施建设，构建适应电子商务发展的快递物流服务体系。快递物流相关仓储、分拨、配送等设施用地须符合土地利用总体规划并纳入城乡规划，将智能快件箱、快递末端综合服务场所纳入公共服务设施相关规划。加强相关规划间的有效衔接和统一管理。（各省级人民政府、国土资源部、住房城乡建设部负责）

（六）保障基础设施建设用地。落实好现有相关用地政策，保障电子商务快递物流基础设施建设用地。在不改变用地主体、规划条件的前提下，利用存量房产和土地资源建设电子商务快递物流项目的，可在5年内保持土地原用途和权利类型不变，5年期满后需办理相关用地手续的，可采取协议方式办理。（各省级人民政府、国土资源部负责）

（七）加强基础设施网络建设。引导快递物流企业依托全国性及区域性物流节点城市、国家电子商务示范城市、快递示范城市，完善优化快递物流网络布局，加强快件处理中心、航空及陆运集散中心和基层网点等网络节点建设，构建层级合理、规模适当、匹配需求的电子商务快递物流网络。优化农村快递资源配置，健全以县级物流配送中心、乡镇配送节点、村级公共服务点为支撑的农村配送网络。（国家发展改革委、商务部、国家邮政局负责）

（八）推进园区建设与升级。推动电子商务园区与快递物流园区发展，形成产业集聚效应，提高区域辐射能力。引导国家电子商务示范基地、电子商务产业园区与快递物流园区融合发展。鼓励传统物流园区适应电子商务和快递业发展需求转型升级，提升仓储、运输、配送、信息等综合管理和服务水平。（各省级人民政府、国家发展改革委、商务部、国家邮政局负责）

三、强化规范运营，优化电子商务配送通行管理

（九）推动配送车辆规范运营。鼓励各地对快递服务车辆实施统一编号和标识管理，加强对快递服务车辆驾驶人交通安全教育。支持快递企业为快递服务车辆统一购买交通意外险。规范快递服务车辆运营管理。（各省级人民政府负责）引导企业使用符合标准的配送车型，推动配送车辆标准化、厢式化。（国家邮政局、交通运输部、工业和信息化部、国家标准委、各省级人民政府负责）

（十）便利配送车辆通行。指导各地完善城市配送车辆通行管理政策，合理确定通行区域和时段，对快递服务车辆等城市配送车辆给予通行便利。推动各地完善商业区、居住区、高等院校等区域停靠、装卸、充电等设施，推广分时停车、错时停车，进一步提高停车设施利用率。（各省级人民政府、交通运输部、国家邮政局、公安部负责）

四、强化服务创新，提升快递末端服务能力

（十一）推广智能投递设施。鼓励将推广智能快件箱纳入便民服务、民生工程等项目，加快社区、高等院校、商务中心、地铁站周边等末端节点布局。支持传统信报箱改造，推动邮政普遍服务与快递服务一体化、智能化。（国家邮政局、各省级人民政府负责）

（十二）鼓励快递末端集约化服务。鼓励快递企业开展投递服务合作，建设快递末端综合服务场所，开展联收联投。促进快递末端配送、服务资源有效组织和统筹利用，鼓励快递物流企业、电子商务企业与连锁商业机构、便利店、物业服务企业、高等院校开展合作，提供集约化配送、网订店取等多样化、个性化服务。（国家邮政局会同相关部门负责）

五、强化标准化智能化，提高协同运行效率

（十三）提高科技应用水平。鼓励快递物流企业采用先进适用技术和装备，提升快递物流装备自动化、专业化水平。（工业和信息化部、国家发展改革委、国家邮政局负责）加强大数据、云计算、机器人等现代信息技术和装备在电子商务与快递物流领域应用，大力推进库存前置、智能分仓、科学配载、线路优化，努力实现信息协同化、服务智能化。（国家发展改革委、商务

部、国家邮政局会同相关部门负责）

（十四）鼓励信息互联互通。加强快递物流标准体系建设，推动建立电子商务与快递物流各环节数据接口标准，推进设施设备、作业流程、信息交换一体化。（国家标准委、国家发展改革委、工业和信息化部、商务部、国家邮政局负责）引导电子商务企业与快递物流企业加强系统互联和业务联动，共同提高信息系统安全防护水平。（商务部、国家邮政局负责）鼓励建设快递物流信息综合服务平台，优化资源配置，实现供需信息实时共享和智能匹配。（国家邮政局负责）

（十五）推动供应链协同。鼓励仓储、快递、第三方技术服务企业发展智能仓储，延伸服务链条，优化电子商务企业供应链管理。发展仓配一体化服务，鼓励企业集成应用各类信息技术，整合共享上下游资源，促进商流、物流、信息流、资金流等无缝衔接和高效流动，提高电子商务企业与快递物流企业供应链协同效率。（国家发展改革委、商务部、国家邮政局负责）

六、强化绿色理念，发展绿色生态链

（十六）促进资源集约。鼓励电子商务企业与快递物流企业开展供应链绿色流程再造，提高资源复用率，降低企业成本。加强能源管理，建立绿色节能低碳运营管理流程和机制，在仓库、分拨中心、数据中心、管理中心等场所推广应用节水、节电、节能等新技术新设备，提高能源利用效率。（国家发展改革委、环境保护部、工业和信息化部负责）

（十七）推广绿色包装。制定实施电子商务绿色包装、减量包装标准，推广应用绿色包装技术和材料，推进快递物流包装物减量化。（商务部、国家邮政局、国家标准委负责）开展绿色包装试点示范，培育绿色发展典型企业，加强政策支持和宣传推广。（国家发展改革委会同相关部门负责）鼓励电子商务平台开展绿色消费活动，提供绿色包装物选择，依不同包装物分类定价，建立积分反馈、绿色信用等机制引导消费者使用绿色包装或减量包装。（商务部会同相关部门负责）探索包装回收和循环利用，建立包装生产者、使用者和消费者等多方协同回收利用体系。（国家发展改革委、环境保护部、商务部、国家邮政局负责）建立健全快递包装生产者责任延伸制度。（国家发展改革委、环境保护部、国家邮政局负责）

（十八）推动绿色运输与配送。加快调整运输结构，逐步提高铁路等清洁运输方式在快递物流领域的应用比例。鼓励企业综合运用电子商务交易、物流配送等信息，优化调度，减少车辆空载和在途时间。（国家邮政局、交通运输部负责）鼓励快递物流领域加快推广使用新能源汽车和满足更高排放标准的燃油汽车，逐步提高新能源汽车使用比例。（各省级人民政府负责）

　　各地区、各有关部门要充分认识推进电子商务与快递物流协同发展的重要意义，强化组织领导和统筹协调，结合本地区、本部门、本系统实际，落实本意见明确的各项政策措施，加强对新兴服务业态的研究和相关政策储备。各地区要制定具体实施方案，明确任务分工，落实工作责任。商务部、国家邮政局要会同有关部门加强工作指导和监督检查，确保各项措施落实到位。

国务院办公厅

2018 年 1 月 2 日

国务院办公厅关于促进平台经济规范健康发展的指导意见

国办发〔2019〕38 号

各省、自治区、直辖市人民政府，国务院各部委、各直属机构：

互联网平台经济是生产力新的组织方式，是经济发展新动能，对优化资源配置、促进跨界融通发展和大众创业万众创新、推动产业升级、拓展消费市场尤其是增加就业，都有重要作用。要坚持以习近平新时代中国特色社会主义思想为指导，深入贯彻落实党的十九大和十九届二中、三中全会精神，持续深化"放管服"改革，围绕更大激发市场活力，聚焦平台经济发展面临的突出问题，遵循规律、顺势而为，加大政策引导、支持和保障力度，创新监管理念和方式，落实和完善包容审慎监管要求，推动建立健全适应平台经济发展特点的新型监管机制，着力营造公平竞争市场环境。为促进平台经济规范健康发展，经国务院同意，现提出以下意见。

一、优化完善市场准入条件，降低企业合规成本

（一）推进平台经济相关市场主体登记注册便利化。放宽住所（经营场所）登记条件，经营者通过电子商务类平台开展经营活动的，可以使用平台提供的网络经营场所申请个体工商户登记。指导督促地方开展"一照多址"改革探索，进一步简化平台企业分支机构设立手续。放宽新兴行业企业名称登记限制，允许使用反映新业态特征的字词作为企业名称。推进经营范围登记规范化，及时将反映新业态特征的经营范围表述纳入登记范围。（市场监管总局负责）

（二）合理设置行业准入规定和许可。放宽融合性产品和服务准入限制，只要不违反法律法规，均应允许相关市场主体进入。清理和规范制约平台经济健康发展的行政许可、资质资格等事项，对仅提供信息中介和交易撮合服务的平台，除直接涉及人身健康、公共安全、社会稳定和国家政策另有规定的金融、新闻等领域外，原则上不要求比照平台内经营者办理相关业务许可。（各相关部门按职责分别负责）指导督促有关地方评估网约车、旅游民宿等领

域的政策落实情况，优化完善准入条件、审批流程和服务，加快平台经济参与者合规化进程。（交通运输部、文化和旅游部等相关部门按职责分别负责）对仍处于发展初期、有利于促进新旧动能转换的新兴行业，要给予先行先试机会，审慎出台市场准入政策。（各地区、各部门负责）

（三）加快完善新业态标准体系。对部分缺乏标准的新兴行业，要及时制定出台相关产品和服务标准，为新产品新服务进入市场提供保障。对一些发展相对成熟的新业态，要鼓励龙头企业和行业协会主动制定企业标准，参与制定行业标准，提升产品质量和服务水平。（市场监管总局牵头，各相关部门按职责分别负责）

二、创新监管理念和方式，实行包容审慎监管

（一）探索适应新业态特点、有利于公平竞争的公正监管办法。本着鼓励创新的原则，分领域制定监管规则和标准，在严守安全底线的前提下为新业态发展留足空间。对看得准、已经形成较好发展势头的，分类量身定制适当的监管模式，避免用老办法管理新业态；对一时看不准的，设置一定的"观察期"，防止一上来就管死；对潜在风险大、可能造成严重不良后果的，严格监管；对非法经营的，坚决依法予以取缔。各有关部门要依法依规夯实监管责任，优化机构监管，强化行为监管，及时预警风险隐患，发现和纠正违法违规行为。（发展改革委、中央网信办、工业和信息化部、市场监管总局、公安部等相关部门及各地区按职责分别负责）

（二）科学合理界定平台责任。明确平台在经营者信息核验、产品和服务质量、平台（含 APP）索权、消费者权益保护、网络安全、数据安全、劳动者权益保护等方面的相应责任，强化政府部门监督执法职责，不得将本该由政府承担的监管责任转嫁给平台。尊重消费者选择权，确保跨平台互联互通和互操作。允许平台在合规经营前提下探索不同经营模式，明确平台与平台内经营者的责任，加快研究出台平台尽职免责的具体办法，依法合理确定平台承担的责任。鼓励平台通过购买保险产品分散风险，更好保障各方权益。（各相关部门按职责分别负责）

（三）维护公平竞争市场秩序。制定出台网络交易监督管理有关规定，依法查处互联网领域滥用市场支配地位限制交易、不正当竞争等违法行为，严禁平台单边签订排他性服务提供合同，保障平台经济相关市场主体公平参与

市场竞争。维护市场价格秩序，针对互联网领域价格违法行为特点制定监管措施，规范平台和平台内经营者价格标示、价格促销等行为，引导企业合法合规经营。（市场监管总局负责）

（四）建立健全协同监管机制。适应新业态跨行业、跨区域的特点，加强监管部门协同、区域协同和央地协同，充分发挥"互联网+"行动、网络市场监管、消费者权益保护、交通运输新业态协同监管等部际联席会议机制作用，提高监管效能。（发展改革委、市场监管总局、交通运输部等相关部门按职责分别负责）加大对跨区域网络案件查办协调力度，加强信息互换、执法互助，形成监管合力。鼓励行业协会商会等社会组织出台行业服务规范和自律公约，开展纠纷处理和信用评价，构建多元共治的监管格局。（各地区、各相关部门按职责分别负责）

（五）积极推进"互联网+监管"。依托国家"互联网+监管"等系统，推动监管平台与企业平台联通，加强交易、支付、物流、出行等第三方数据分析比对，开展信息监测、在线证据保全、在线识别、源头追溯，增强对行业风险和违法违规线索的发现识别能力，实现以网管网、线上线下一体化监管。（国务院办公厅、市场监管总局等相关部门按职责分别负责）根据平台信用等级和风险类型，实施差异化监管，对风险较低、信用较好的适当减少检查频次，对风险较高、信用较差的加大检查频次和力度。（各相关部门按职责分别负责）

三、鼓励发展平台经济新业态，加快培育新的增长点

（一）积极发展"互联网+服务业"。支持社会资本进入基于互联网的医疗健康、教育培训、养老家政、文化、旅游、体育等新兴服务领域，改造提升教育医疗等网络基础设施，扩大优质服务供给，满足群众多层次多样化需求。鼓励平台进一步拓展服务范围，加强品牌建设，提升服务品质，发展便民服务新业态，延伸产业链和带动扩大就业。鼓励商品交易市场顺应平台经济发展新趋势、新要求，提升流通创新能力，促进产销更好衔接。（教育部、民政部、商务部、文化和旅游部、卫生健康委、体育总局、工业和信息化部等相关部门按职责分别负责）

（二）大力发展"互联网+生产"。适应产业升级需要，推动互联网平台与工业、农业生产深度融合，提升生产技术，提高创新服务能力，在实体经

济中大力推广应用物联网、大数据，促进数字经济和数字产业发展，深入推进智能制造和服务型制造。深入推进工业互联网创新发展，加快跨行业、跨领域和企业级工业互联网平台建设及应用普及，实现各类生产设备与信息系统的广泛互联互通，推进制造资源、数据等集成共享，促进一二三产业、大中小企业融通发展。（工业和信息化部、农业农村部等相关部门按职责分别负责）

（三）深入推进"互联网+创业创新"。加快打造"双创"升级版，依托互联网平台完善全方位创业创新服务体系，实现线上线下良性互动、创业创新资源有机结合，鼓励平台开展创新任务众包，更多向中小企业开放共享资源，支撑中小企业开展技术、产品、管理模式、商业模式等创新，进一步提升创业创新效能。（发展改革委牵头，各相关部门按职责分别负责）

（四）加强网络支撑能力建设。深入实施"宽带中国"战略，加快5G等新一代信息基础设施建设，优化提升网络性能和速率，推进下一代互联网、广播电视网、物联网建设，进一步降低中小企业宽带平均资费水平，为平台经济发展提供有力支撑。（工业和信息化部、发展改革委等相关部门按职责分别负责）

四、优化平台经济发展环境，夯实新业态成长基础

（一）加强政府部门与平台数据共享。依托全国一体化在线政务服务平台、国家"互联网+监管"系统、国家数据共享交换平台、全国信用信息共享平台和国家企业信用信息公示系统，进一步归集市场主体基本信息和各类涉企许可信息，力争2019年上线运行全国一体化在线政务服务平台电子证照共享服务系统，为平台依法依规核验经营者、其他参与方的资质信息提供服务保障。（国务院办公厅、发展改革委、市场监管总局按职责分别负责）加强部门间数据共享，防止各级政府部门多头向平台索要数据。（发展改革委、中央网信办、市场监管总局、国务院办公厅等相关部门按职责分别负责）畅通政企数据双向流通机制，制定发布政府数据开放清单，探索建立数据资源确权、流通、交易、应用开发规则和流程，加强数据隐私保护和安全管理。（发展改革委、中央网信办等相关部门及各地区按职责分别负责）

（二）推动完善社会信用体系。加大全国信用信息共享平台开放力度，依法将可公开的信用信息与相关企业共享，支持平台提升管理水平。利用平台

数据补充完善现有信用体系信息，加强对平台内失信主体的约束和惩戒。（发展改革委、市场监管总局负责）完善新业态信用体系，在网约车、共享单车、汽车分时租赁等领域，建立健全身份认证、双向评价、信用管理等机制，规范平台经济参与者行为。（发展改革委、交通运输部等相关部门按职责分别负责）

（三）营造良好的政策环境。各地区各部门要充分听取平台经济参与者的诉求，有针对性地研究提出解决措施，为平台创新发展和吸纳就业提供有力保障。（各地区、各部门负责）2019 年底前建成全国统一的电子发票公共服务平台，提供免费的增值税电子普通发票开具服务，加快研究推进增值税专用发票电子化工作。（税务总局负责）尽快制定电子商务法实施中的有关信息公示、零星小额交易等配套规则。（商务部、市场监管总局、司法部按职责分别负责）鼓励银行业金融机构基于互联网和大数据等技术手段，创新发展适应平台经济相关企业融资需求的金融产品和服务，为平台经济发展提供支持。允许有实力有条件的互联网平台申请保险兼业代理资质。（银保监会等相关部门按职责分别负责）推动平台经济监管与服务的国际交流合作，加强政策沟通，为平台企业走出去创造良好外部条件。（商务部等相关部门按职责分别负责）

五、切实保护平台经济参与者合法权益，强化平台经济发展法治保障

（一）保护平台、平台内经营者和平台从业人员等权益。督促平台按照公开、公平、公正的原则，建立健全交易规则和服务协议，明确进入和退出平台、商品和服务质量安全保障、平台从业人员权益保护、消费者权益保护等规定。（商务部、市场监管总局牵头，各相关部门按职责分别负责）抓紧研究完善平台企业用工和灵活就业等从业人员社保政策，开展职业伤害保障试点，积极推进全民参保计划，引导更多平台从业人员参保。加强对平台从业人员的职业技能培训，将其纳入职业技能提升行动。（人力资源社会保障部负责）强化知识产权保护意识。依法打击网络欺诈行为和以"打假"为名的敲诈勒索行为。（市场监管总局、知识产权局按职责分别负责）

（二）加强平台经济领域消费者权益保护。督促平台建立健全消费者投诉和举报机制，公开投诉举报电话，确保投诉举报电话有人接听，建立与市场监管部门投诉举报平台的信息共享机制，及时受理并处理投诉举报，鼓励行

业组织依法依规建立消费者投诉和维权第三方平台。鼓励平台建立争议在线解决机制，制定并公示争议解决规则。依法严厉打击泄露和滥用用户信息等损害消费者权益行为。（市场监管总局等相关部门按职责分别负责）

（三）完善平台经济相关法律法规。及时推动修订不适应平台经济发展的相关法律法规与政策规定，加快破除制约平台经济发展的体制机制障碍。（司法部等相关部门按职责分别负责）

涉及金融领域的互联网平台，其金融业务的市场准入管理和事中事后监管，按照法律法规和有关规定执行。设立金融机构、从事金融活动、提供金融信息中介和交易撮合服务，必须依法接受准入管理。

各地区、各部门要充分认识促进平台经济规范健康发展的重要意义，按照职责分工抓好贯彻落实，压实工作责任，完善工作机制，密切协作配合，切实解决平台经济发展面临的突出问题，推动各项政策措施及时落地见效，重大情况及时报国务院。

国务院办公厅
2019 年 8 月 1 日

国务院办公厅关于加快发展流通促进商业消费的意见

国办发〔2019〕42号

各省、自治区、直辖市人民政府，国务院各部委、各直属机构：

党中央、国务院高度重视发展流通扩大消费。近年来，各地区、各部门积极落实中央决策部署，取得良好成效，国内市场保持平稳运行。但受国内外多重因素叠加影响，当前流通消费领域仍面临一些瓶颈和短板，特别是传统流通企业创新转型有待加强，商品和生活服务有效供给不足，消费环境需进一步优化，城乡消费潜力尚需挖掘。为推动流通创新发展，优化消费环境，促进商业繁荣，激发国内消费潜力，更好满足人民群众消费需求，促进国民经济持续健康发展，经国务院同意，现提出以下意见：

一、促进流通新业态新模式发展。顺应商业变革和消费升级趋势，鼓励运用大数据、云计算、移动互联网等现代信息技术，促进商旅文体等跨界融合，形成更多流通新平台、新业态、新模式。引导电商平台以数据赋能生产企业，促进个性化设计和柔性化生产，培育定制消费、智能消费、信息消费、时尚消费等商业新模式。鼓励发展"互联网+旧货""互联网+资源循环"，促进循环消费。实施包容审慎监管，推动流通新业态新模式健康有序发展。（发展改革委、工业和信息化部、生态环境部、商务部、文化和旅游部、市场监管总局、体育总局按职责分工负责）

二、推动传统流通企业创新转型升级。支持线下经营实体加快新理念、新技术、新设计改造提升，向场景化、体验式、互动性、综合型消费场所转型。鼓励经营困难的传统百货店、大型体育场馆、老旧工业厂区等改造为商业综合体、消费体验中心、健身休闲娱乐中心等多功能、综合性新型消费载体。在城市规划调整、公共基础设施配套、改扩建用地保障等方面给予支持。（工业和信息化部、自然资源部、住房城乡建设部、商务部、体育总局按职责分工负责）

三、改造提升商业步行街。地方政府可结合实际对商业步行街基础设施、交通设施、信息平台和诚信体系等新建改建项目予以支持，提升品质化、数字化管理服务水平。在符合公共安全的前提下，支持商业步行街等具备条件的商业街区开展户外营销，营造规范有序、丰富多彩的商业氛围。扩大全国示范步行街改造提升试点范围。（住房城乡建设部、商务部、市场监管总局按职责分工负责）

四、加快连锁便利店发展。深化"放管服"改革，在保障食品安全的前提下，探索进一步优化食品经营许可条件；将智能化、品牌化连锁便利店纳入城市公共服务基础设施体系建设；强化连锁企业总部的管理责任，简化店铺投入使用、营业前消防安全检查，实行告知承诺管理；具备条件的企业从事书报刊发行业务实行"总部审批、单店备案"。支持地方探索对符合条件的品牌连锁企业试行"一照多址"登记。开展简化烟草、乙类非处方药经营审批手续试点。（住房城乡建设部、商务部、应急部、市场监管总局、新闻出版署、烟草局、药监局按职责分工负责）

五、优化社区便民服务设施。打造"互联网+社区"公共服务平台，新建和改造一批社区生活服务中心，统筹社区教育、文化、医疗、养老、家政、体育等生活服务设施建设，改进社会服务，打造便民消费圈。有条件的地区可纳入城镇老旧小区改造范围，给予财政支持，并按规定享受有关税费优惠政策。鼓励社会组织提供社会服务。（发展改革委、教育部、民政部、财政部、住房城乡建设部、商务部、文化和旅游部、卫生健康委、税务总局、体育总局按职责分工负责）

六、加快发展农村流通体系。改造提升农村流通基础设施，促进形成以乡镇为中心的农村流通服务网络。扩大电子商务进农村覆盖面，优化快递服务和互联网接入，培训农村电商人才，提高农村电商发展水平，扩大农村消费。改善提升乡村旅游商品和服务供给，鼓励有条件的地区培育特色农村休闲、旅游、观光等消费市场。（发展改革委、工业和信息化部、农业农村部、商务部、文化和旅游部、邮政局按职责分工负责）

七、扩大农产品流通。加快农产品产地市场体系建设，实施"互联网+"农产品出村进城工程，加快发展农产品冷链物流，完善农产品流通体系，加大农产品分拣、加工、包装、预冷等一体化集配设施建设支持力度，加强特色农产品优势区生产基地现代流通基础设施建设。拓宽绿色、生态产品线上线下销售渠道，丰富城乡市场供给，扩大鲜活农产品消费。（发展改革委、财政部、农业农村部、商务部按职责分工负责）

八、拓展出口产品内销渠道。推动扩大内外销产品"同线同标同质"实施范围,引导出口企业打造自有品牌,拓展内销市场网络。在综合保税区积极推广增值税一般纳税人资格试点,落实允许综合保税区内加工制造企业承接境内区外委托加工业务的政策。(财政部、商务部、海关总署、税务总局、市场监管总局按职责分工负责)

九、满足优质国外商品消费需求。允许在海关特殊监管区域内设立保税展示交易平台。统筹考虑自贸试验区、综合保税区发展特点和趋势,扩大跨境电商零售进口试点城市范围,顺应商品消费升级趋势,抓紧调整扩大跨境电商零售进口商品清单。(财政部、商务部、海关总署、税务总局按职责分工负责)

十、释放汽车消费潜力。实施汽车限购的地区要结合实际情况,探索推行逐步放宽或取消限购的具体措施。有条件的地方对购置新能源汽车给予积极支持。促进二手车流通,进一步落实全面取消二手车限迁政策,大气污染防治重点区域应允许符合在用车排放标准的二手车在本省(市)内交易流通。(工业和信息化部、公安部、生态环境部、交通运输部、商务部按职责分工负责)

十一、支持绿色智能商品以旧换新。鼓励具备条件的流通企业回收消费者淘汰的废旧电子电器产品,折价置换超高清电视、节能冰箱、洗衣机、空调、智能手机等绿色、节能、智能电子电器产品,扩大绿色智能消费。有条件的地方对开展相关产品促销活动、建设信息平台和回收体系等给予一定支持。(工业和信息化部、生态环境部、商务部按职责分工负责)

十二、活跃夜间商业和市场。鼓励主要商圈和特色商业街与文化、旅游、休闲等紧密结合,适当延长营业时间,开设深夜营业专区、24小时便利店和"深夜食堂"等特色餐饮街区。有条件的地方可加大投入,打造夜间消费场景和集聚区,完善夜间交通、安全、环境等配套措施,提高夜间消费便利度和活跃度。(住房城乡建设部、交通运输部、商务部、文化和旅游部、应急部按职责分工负责)

十三、拓宽假日消费空间。鼓励有条件的地方充分利用开放性公共空间,开设节假日步行街、周末大集、休闲文体专区等常态化消费场所,组织开展特色促消费活动,探索培育专业化经营管理主体。地方政府要结合实际给予规划引导、场地设施、交通安全保障等方面支持。(住房城乡建设部、交通运

输部、商务部、文化和旅游部、应急部、市场监管总局按职责分工负责）

十四、搭建品牌商品营销平台。积极培育形成若干国际消费中心城市，引导自主品牌提升市场影响力和认知度，推动国内销售的国际品牌与发达国家市场在品质价格、上市时间、售后服务等方面同步接轨。因地制宜，创造条件，吸引知名品牌开设首店、首发新品，带动扩大消费，促进国内产业升级。保护和发展中华老字号品牌，对于中华老字号中确需保护的传统技艺，可按相关规定申请非物质文化遗产保护相关资金。（商务部、文化和旅游部、市场监管总局按职责分工负责）

十五、降低流通企业成本费用。推动工商用电同价政策尽快全面落实。各地不得干预连锁企业依法申请和享受总分机构汇总纳税政策。（发展改革委、财政部、税务总局按职责分工负责）

十六、鼓励流通企业研发创新。研究进一步扩大研发费用税前加计扣除政策适用范围。加大对国内不能生产、行业企业急需的高性能物流设备进口的支持力度，降低物流成本；研究将相关领域纳入《产业结构调整指导目录》"鼓励类"，推动先进物流装备产业发展，加快推进现代物流发展。（发展改革委、科技部、财政部、商务部、税务总局按职责分工负责）

十七、扩大成品油市场准入。取消石油成品油批发仓储经营资格审批，将成品油零售经营资格审批下放至地市级人民政府，加强成品油流通事中事后监管，强化安全保障措施落实。乡镇以下具备条件的地区建设加油站、加气站、充电站等可使用存量集体建设用地，扩大成品油市场消费。（发展改革委、自然资源部、生态环境部、住房城乡建设部、交通运输部、商务部、应急部、海关总署、市场监管总局按职责分工负责）

十八、发挥财政资金引导作用。统筹用好中央财政服务业发展资金等现有专项资金或政策，补齐流通领域短板。各地可因地制宜，加强对创新发展流通、促进扩大消费的财政支持。（财政部、商务部按职责分工负责）

十九、加大金融支持力度。鼓励金融机构创新消费信贷产品和服务，推动专业化消费金融组织发展。鼓励金融机构对居民购买新能源汽车、绿色智能家电、智能家居、节水器具等绿色智能产品提供信贷支持，加大对新消费领域金融支持力度。（人民银行、银保监会按职责分工负责）

二十、优化市场流通环境。强化消费信用体系建设，加快建设覆盖线上线下的重要产品追溯体系。严厉打击线上线下销售侵权假冒商品、发布虚假广告等违法行为，针对食品、药品、汽车配件、小家电等消费品，加大农村和城乡接合部市场治理力度。修订汽车、平板电视等消费品修理更换退货责任规定。积极倡导企业实行无理由退货制度。（发展改革委、工业和信息化部、公安部、农业农村部、商务部、应急部、海关总署、市场监管总局、药监局按职责分工负责）

各地区、各有关部门要充分认识创新发展流通、推动消费升级、促进扩大消费的重要意义，切实抓好各项政策措施的落实落地。各地区要结合本地实际完善政策措施，认真组织实施。各有关部门要落实责任，加强协作，形成合力，确保推动各项政策措施落实到位。

国务院办公厅

2019 年 8 月 16 日

后 记

本书是我们近年来在农产品电子商务和网购食品质量安全管理领域所做研究的一次系统梳理和总结。在研究过程中，得到众多管理部门、行业协会、企业、研究院所和高校的领导、专家学者的指教，在此表示感谢。

在研究的推进中，内蒙古呼伦贝尔学院刘建鑫副教授加入我们的团队，不仅对研究提供了许多真知灼见，而且多次参与我们的讨论和调研，为研究的顺利开展做出了贡献。北京物资学院陈静教授对本书的许多内容提出了具体修改建议，使本书的研究不断得到完善。研究生陈佩佩、刘双河、程超、樊奇奇、刘彦奇、刘嘉萱、秦如月、王梓琪、华丽丽等人是研究团队的重要成员，他们勤奋刻苦、踏实好学，积极参与项目研究、开展调研，科研能力得到不断提升。因此，本书凝聚着所有团队成员的辛勤努力，在此表示感谢。

近年来，团队成员共同承担的农产品电子商务和网购食品质量安全管理问题的研究项目主要有：教育部人文社科规划基金项目"网购生鲜食品质量安全多主体协同治理机制研究"（16YJA630053）、北京市"长城学者"培养计划项目（CIT&TCD20170316）、北京市城乡经济信息中心委托课题"农产品电子商务发展"和"北京市地区农产品电子发展情况调查研究"、农业农村部农村经济研究中心委托课题"互联网背景下电商农产品质量安全监管研究"等。感谢项目委托单位的领导和专家学者从各个方面对本书提出的意见和建议。

学无止境。在本书研究的基础上，团队成员将继续关注这一领域的研究发展，加强与相关专家学者的交流学习，以问题为导向不断拓展和深化我们的研究。

王可山

2019 年 11 月